Salz – Weißes Gold oder Chemisches Prinzip?

Jürgen Hollweg

Salz – Weißes Gold oder Chemisches Prinzip?

Zur Entwicklung des Salzbegriffs in der Frühen Neuzeit

Bibliografische Information der Deutschen Nationalbibliothek
Die Deutsche Nationalbibliothek verzeichnet diese Publikation
in der Deutschen Nationalbibliografie; detaillierte bibliografische
Daten sind im Internet über http://dnb.d-nb.de abrufbar.

Erweiterte Fassung einer 2010 von der Universität Regensburg
angenommenen Masterarbeit im Fach Wissenschaftsgeschichte.

Umschlagabbildung:
Nach einer Figur auf der Tafel „Chymie XVI" der
„Encyclopédie ou dictionnaire raisonné des sciences,
des arts et des métiers"
von Diderot und d´Alembert.

ISBN 978-3-631-64865-0 (Print)
E-ISBN 978-3-653-03877-4 (E-Book)
DOI 10.3726/978-3-653-03877-4
© Peter Lang GmbH
Internationaler Verlag der Wissenschaften
Frankfurt am Main 2014
All rights reserved.
PL Academic Research ist ein Imprint der Peter Lang GmbH.

Peter Lang – Frankfurt am Main · Bern · Bruxelles ·
New York · Oxford · Warszawa · Wien

Das Werk einschließlich aller seiner Teile ist urheberrechtlich
geschützt. Jede Verwertung außerhalb der engen Grenzen des
Urheberrechtsgesetzes ist ohne Zustimmung des Verlages
unzulässig und strafbar. Das gilt insbesondere für
Vervielfältigungen, Übersetzungen, Mikroverfilmungen und die
Einspeicherung und Verarbeitung in elektronischen Systemen.

www.peterlang.com

Grundlage des vorliegenden Buches ist meine Masterarbeit an der Universität Regensburg; Herrn Prof. Dr. Christoph Meinel danke ich für seine weiterführenden fachlichen Kommentare.

Die Arbeit wurde anschließend überarbeitet und nicht unwesentlich erweitert.

Bei Frau Prof. Dr. Susanne Lachenicht an der Universität Bayreuth möchte ich mich für weitere wertvolle Anregungen sowie die sorgsame Durchsicht der Endfassung bedanken.

Inhalt

1. „Weißes Gold" – anstelle eines Vorworts 9
2. „Das vornehmste Stück der Chemie" 13
3. Salze gestern und heute – ein lexikalischer Überblick 21
4. Die Prinzipien des Paracelsus 25
5. Die Salze der Chemiker 31
    5.1 Andreas Libavius: Alchemia 31
    5.2 Johann Thölde: Haliographia 36
    5.3 Johann Rudolph Glauber: Tractatus de natura salium 40
    5.4 Nicolas Le Fèvre: Neuvermehrter chymischer Handleiter 45
    5.5 Nicolas Lémery: Cours de Chymie 50
    5.6 Johann Kunckel: Nützliche Observationes Oder
        Anmerckungen / Von den Fixen und flüchtigen Saltzen 58
    5.7 Georg Ernst Stahl: Ausführliche Betrachtung und
        zulänglicher Beweis von den Saltzen 61
    5.8 Herman Boerhaave: Elements of Chemistry 67
6. Moderne Salze: Guillaume – François Rouelle 73
7. Entwicklungslinien 77
    7.1 Das Prinzip „Salz" 77
    7.2 Die Stoffklasse der Salze 79
    7.3 Vom immateriellen Prinzip zur materiellen Zusammensetzung ... 82
8. Salzige Verwandtschaften 89
9. Weißes Gold und Chemisches Prinzip 93
10. Literaturverzeichnis 97

1. „Weißes Gold" – anstelle eines Vorworts

„Salz": ein einfacher Stoff oder ein „Weißes Gold" wie es der Titel einer Geschichte des Salzes verspricht?[1] Beschreibt der Begriff ein chemisches Prinzip oder gilt er als ein mystisches Symbol aus alter Zeit? Was verbirgt sich hinter dem Allerweltsnamen Salz, und welche Entwicklungen hat es in der Geschichte des Begriffs gegeben?

Salz ist zunächst einmal die allgemein übliche Kurzbezeichnung für das Kochsalz. Je nach seiner Herkunft wird zwischen Steinsalz und Meersalz unterschieden. Die größten Salzvorräte lagern als Steinsalz in der Erdrinde, aus der sie bergmännisch abgebaut oder ausgewaschen werden. Das Meersalz wird an vielen Stellen der Erde in küstennahen großen Becken in einem mehrstufigen Prozess gewonnen. Seine Konzentration in den Ozeanen beträgt etwa 35g/l.

Das Kochsalz hatte in der Geschichte eine große Bedeutung. An erster Stelle muss dabei der symbolische und religiöse Charakter betont werden. Salz wird bereits im Alten Testament erwähnt als Sinnbild für das Bündnis Gottes mit seinem auserwählten Volk. Deshalb gehörte es zu jeder Opfergabe und wurde als Zeichen der Reinigung verstanden. Andererseits war es aber auch ein Symbol für die Gerechtigkeit und den Zorn Gottes, wenn Loths Weib zur Salzsäule erstarrte. Im Neuen Testament wird es als Zeichen der heilsbringenden Botschaft verstanden, da Jesus seine Apostel als das Salz der Erde bezeichnet. Über lange Zeit resultierte daraus der Brauch, es im Gottesdienst bei der Taufe zu verwenden. Es wurde als Symbol der Reinheit gesehen und diente zur Vertreibung böser Geister und des Teufels. Die Aufnahme in den Bund Gottes wurde damit besiegelt. Hieran wurde in der katholischen Kirche bis in die Gegenwart festgehalten, erst die Reformation der Taufliturgie von 1973 verzichtete darauf.[2]

Für Griechen und Römer besaß das Salz einen göttlichen Charakter, ja es galt als Gabe der Götter. Homer bezeichnete es als göttlichen Stoff und Plato betonte die Wertschätzung durch die Götter.[3] Im Volksglauben des Mittelalters besaß das Salz eine kräftigende Wirkung. Es galt als Mittel zur Stärkung des Körpers und insbesondere von Haut und Muskeln. Daneben wurde ihm sogar eine aphrodisische Wirkung

---

1 (Hocquet 1993).
2 Vgl. (Bergier 1989, S. 150).
3 Vgl. (Kurlansky 2005, S. 15).

zugeschrieben, das „Einsalzen der Ehepartner" wurde in Darstellungen des 16. und 17. Jahrhunderts in aller Deutlichkeit ausgemalt.[4] Aber auch in außereuropäischen Kulturen hat es seit alters her eine magische Bedeutung. Es sei an dieser Stelle nur an die Sitte in japanischen Theatern erinnert, vor der Aufführung Salz auf die Bühne zu werfen. Weiterhin ist das Salz bei allen Völkern und in allen Religionen ein Zeichen der Gastfreundschaft. Brot und Salz treten dabei oft in enger Verbindung auf.

Das Salz hatte in seiner Geschichte jedoch auch eine ganz reale Bedeutung: „Weißes Gold" so lautet der Titel einer Geschichte des Salzes.[5] Bei den Berichten, dass in Afrika Salz mit Gold aufgewogen worden sein soll, handelt es sich aber wohl um eine Legende. Während des Handelsvorganges wurden beide Stoffe gewichtsmäßig bestimmt, die Größenordnungen dürften jedoch unterschiedlich gewesen sein. In Europa bekam das Salz seine große Bedeutung zu Beginn des Mittelalters. Mit dem ersten großen Bevölkerungswachstum zu Beginn des 2. Jahrtausends und der zunehmenden Verstädterung stieg seine Bedeutung.[6] Salz verhieß nun Macht und Einkommen, die meisten Landesherren belegten es mit speziellen Steuern.

Im Mittelalter kontrollierten die Herrschenden oder von ihnen beauftragte mächtige Organisationen nicht nur die Herstellung sondern auch Vertrieb und Handel. Schnell wurde sichtbar, dass die Kontrolle des Salzhandels ein einträgliches Geschäft war. Im Mittelmeerraum beherrschte Venedig den Handel mit Salz und baute unter anderem darauf seine führende wirtschaftliche und politische Stellung. Die Hanse dominierte als Vereinigung von Kaufleuten den Ostseeraum, während in Mitteleuropa scharfe Konkurrenz zwischen verschiedenen Ländern, Herstellern und Lieferanten vorherrschte. Neben der Kontrolle des Handels waren die Salzsteuern von äußerst großer Bedeutung als Finanzierungsquelle von Staaten. In Frankreich war die „gabelle" die meist gehasste Steuer und wird sogar als ein Hauptgrund für die Französische Revolution angesehen.[7] Die strategische Bedeutung des Salzes kann daran ermessen werden, dass viele Herrscher zur Vorbereitung eines Krieges zunächst Salzvorräte anlegten.

Salz wurde nicht nur als ein kostbares Gewürz betrachtet, es diente vor allem zu Konservierungszwecken. Im Zeitalter von Tiefkühlprodukten und Konserven kann diese überragende Bedeutung des Salzes nur noch schwer nachvollzogen werden. Neben dem Pökeln des Fleisches wurde es insbesondere zur Fischkonservierung benutzt. Kabeljau und Hering waren als Stockfisch und Salzhering die

---

4 (Bergier 1989, S. 156).
5 (Hocquet 1993).
6 Vgl. (Bergier 1989, S. 48).
7 (Multhauf 1978, S. 11).

Grundnahrungsmittel für große Bevölkerungsteile. In England soll es ein Kennzeichen gesunder und urwüchsiger Lebensführung gewesen sein.[8] Salz war jedoch nicht nur ein Konservierungs- und Genussmittel, daneben wurde es für eine Vielzahl handwerklicher Anwendungen gebraucht. Es fand unter anderem Verwendung beim Seifensieden, in der Gerberei und Färberei, beim Glasieren von Ton, beim Verlöten von Metallen und beim Reinigen von Schornsteinen. Außerdem diente es als Arzneimittel gegen Zahnschmerzen, Magenschmerzen und „Schwermut".[9]

Schon in der Antike war jedoch klar, dass Kochsalz nicht gleich Kochsalz gesetzt werden konnte. Je nach seiner Herkunft besaß es unterschiedliche geschmackliche Eigenschaften. Außerdem gab es Stoffe, die in ihrem Aussehen und ihrer Wasserlöslichkeit nicht einfach davon zu unterscheiden waren. Der Begriff Salz wurde zu einer Gattungsbezeichnung für eine ganze Klasse von Stoffen. Ob diese Entwicklung darauf beruhte, dass zunächst keine Einsicht in die spezifischen Unterschiede der Stoffe vorhanden war[10], soll an dieser Stelle offen bleiben. Es ist jedoch bemerkenswert, dass der Name eines einzelnen Stoffes zum Sammelbegriff für die gesamte Stoffklasse wird, und nicht wie z.B. bei den Metallen ein neuer Begriff geprägt wird.

Der Biologe Matthias Jacob Schleiden muss mit seinem Werk über die Geschichte, die Symbolik, das Vorkommen und den Gebrauch des Kochsalzes als einer der „Altväter" auf diesem Gebiet bezeichnet werden.[11] Er beginnt den zweiten Teil seines Buches, in dem er kurz über den Allgemeinbegriff Salz referiert, mit der Feststellung: „Wenn man sich fragen wollte, was denn das Salz wirklich ist, von dem ich im ersten Abschnitt gesprochen habe, so müßte ich eigentlich die Antwort schuldig bleiben, denn Salz ist ein so unbestimmter Begriff, daß zu verschiedenen Zeiten, sowie von verschiedenen Menschen sehr verschiedene Dinge unter diesem Namen zusammengefaßt sind, bald mehr, bald weniger, bis endlich die zur Wissenschaft entwickelte Chemie bestimmte Normen festsetzte, mit denen aber selbst der Gebildete der Neuzeit sich ohne wissenschaftliche Vorbildung nicht wird verständigen können."[12] Diese vor über 100 Jahren getroffene Aussage hat auch heute nichts von ihrer Gültigkeit verloren. Die folgende Abhandlung soll versuchen, einige Antworten zu geben und etwas Licht auf den Gebrauch des Begriffes Salz in der Frühen Neuzeit zu werfen.

---

8 (Roos 2007, S. 22).
9 (Kurlansky 2005, S. 155).
10 (Priesner 1998, S. 320).
11 (Schleiden 2010).
12 Ebd. S. 127.

2. „Das vornehmste Stück der Chemie"

„Die Erkänntnis der Saltze ist das vornehmste Stück der Chemie".[1] Nicht umsonst finden wir diesen Satz in Zedlers Universallexikon von 1732. Als er geschrieben wurde, waren die Salze einer der wichtigsten Forschungsgegenstände in der Chemie; sie waren neben den Metallen die wichtigste Gruppe von Stoffen. Die wirtschaftliche Bedeutung des Kochsalzes befand sich auf ihrem Höhepunkt, Abbau und Handel versprachen Bedeutung und Reichtum. Aber auch die anderen Salze wurden in der Medizin sowie in den Handwerken und den aufkommenden Manufakturen immer wichtiger. Die chemische Forschung in den Labors konnte einen entscheidenden Beitrag zur Unterstützung und Weiterentwicklung leisten. Die Suche nach pharmazeutischen Wirkstoffen beschränkte sich nicht mehr nur auf Pflanzenextrakte, sondern entdeckte die anorganische Chemie, die Salze fanden ihren festen Platz in den Apotheken.[2] In der gewerblichen Wirtschaft bei der Herstellung und Weiterverarbeitung vielfältigster Gebrauchsgegenstände wurden die Wirkmechanismen hinterfragt, um Produkte und Verfahren zu optimieren. Die Reindarstellung von Salzen bekam ein immer höheres Gewicht. Und nicht nur auf wissenschaftlich-technischem Gebiet zeigt sich die überragende Bedeutung der Salze, sie hatten bereits seit dem 16. Jahrhundert in einer „Alchemikerdichtung" Eingang in die Dichtkunst gefunden[3] und waren damit einem breiteren Publikum geläufig.

Die Chemie befand sich auf dem Wege zu einer eigenständigen Wissenschaft. Sie versuchte, sich von der alchemistischen Suche nach dem Stein der Weisen und von der betrügerischen Goldmacherei zu trennen. Die Veränderungen von Stoffen wurden systematisch untersucht und die erhaltenen Versuchsergebnisse klar und detailliert beschrieben. Allerdings diente die Chemie zunächst oft als Hilfswissenschaft in Medizin, Pharmazie und im Bergbau, jedenfalls wurde sie von vielen Zeitgenossen so angesehen. Mehr und mehr Wissenschaftler wurden sich jedoch ihrer Eigenständigkeit bewusst und bezeichneten sich voller Stolz als Chemiker. In Marburg wurde bereits 1609 ein Lehrstuhl für „Chymiatrie" eingerichtet, und

---

1 (Zedler 1732, Band 33, S. 1320).
2 (Hickel 1965).
3 (Telle 2009).

der Lehrstuhlinhaber Johannes Hartmann (1568–1631) wird als erster Professor der Chemie in Europa bezeichnet.[4]

Die Chemie begann, ihre eigenen Bezeichnungen und Ordnungskriterien zu entwickeln oder genauer zu definieren. Auf der einen Seite wurden die theoretischen Grundlagen für Begriffe wie Element, Verbindung und Affinität gelegt. Auf der anderen Seite mussten die Dinge der stofflichen Welt eingeteilt, geordnet und kategorisiert werden, um die Vielzahl der Stoffe und der möglichen chemischen Reaktionen in ein gemeinsames Schema zu bringen.[5] Erstes Ordnungskriterium waren weiterhin die bekannten drei Reiche der Natur: Tiere, Pflanzen und Mineralien. Daneben wurden gleichartige Substanzen mit ähnlichen Eigenschaften in Gruppen eingeteilt. Ein zentraler Begriff zur Klassifizierung war dabei der Salzbegriff. Die Salze waren neben den Metallen und vor den Erden und den Steinen die wichtigste Untergruppe im Mineralreich. Zusätzlich überschritt diese Stoffklasse die Grenzen der drei Naturreiche und konnte auch im Pflanzen- und im Tierreich gefunden werden; die Stoffklasse der Salze erstreckte sich über die gesamte stoffliche Welt.

Es war daher ein Hauptanliegen der Chemiker in der Frühen Neuzeit, Klarheit in die Begrifflichkeit der Stoffgruppe der Salze zu bringen. Es bestand der Bedarf, Kriterien zu entwickeln und festzuschreiben, mit denen die Zugehörigkeit von Stoffen eindeutig definiert werden konnte. Diese theoretische Basisarbeit wurde allerdings durch eine weitere geschichtliche Entwicklung verkompliziert. Im 16. Jahrhundert hatte der bekannte Arzt und Chemiker Paracelsus den Salzbegriff in seiner Theorie von den „tria prima" verwendet. Aus den „tria prima" Quecksilber, Schwefel und Salz sollte der gesamte Kosmos gebildet sein. Dabei handelt es sich nicht um unsere heutigen Substanzbezeichnungen, sondern um Prinzipien, aus denen alles in der Welt seinen Ursprung hat. Der Salzbegriff bekam durch Paracelsus eine ganz neue, andersartige Definition. Neben das Kochsalz und die Stoffklasse trat das Salz als Teil eines theoretischen Materiekonzepts, dessen Grundlagen im übernächsten Kapitel genauer erläutert werden sollen. Wenn man also die Entwicklung des Salzbegriffs verfolgen will, müssen alle drei Richtungen dargestellt und erläutert werden.

Trotz der hohen Bedeutung findet man in der Literatur nur wenige zusammenhängende Darstellungen über die Salze. Einzelne Teilgebiete sind umfassend untersucht worden, und viele Detailinformationen befinden sich in den unterschiedlichsten Werken. Die Geschichte und die Bedeutung des Kochsalzes ist in einer Vielzahl von Einzelbeiträgen und mehreren Monographien untersucht und

---

4 (Partington 1998, Band 2, S. 177).
5 Vgl. (Metzger 1930, S. 299).

dargestellt worden.[6] Gleiches gilt für die Prinzipienlehre von Paracelsus, die von seinen Nachfolgern weiterentwickelt worden ist. Dieses Forschungsgebiet ist in vielfältiger Art und Weise bearbeitet worden.[7] Demgegenüber wird eine zeitübergreifende Darstellung des Gesamtkomplexes Salz/Salze vermisst. Das Thema wird häufig nur punktuell erwähnt[8] oder findet seinen Niederschlag in Eintragungen lexikalischer Werke.[9] Crosland dienen die Salze als Beispiel für seine Untersuchung über die Entwicklung der chemischen Fachsprache.[10] Eine Fundgrube an Informationen bietet Partingtons „A History of Chemistry"[11], allerdings ausschließlich beschreibend den jeweiligen Autoren zugeordnet und ohne zeitlichen oder sachlichen Entwicklungszusammenhang.

Eine erste, wenn auch ältere, Übersicht aus dem Ende des 19. Jahrhunderts bietet sicherlich das spezielle Kapitel „Säuren; Alkalien und Erden; Salze." im substanzorientierten dritten Teil der Geschichte der Chemie von Hermann Kopp.[12] Anfang des letzten Jahrhunderts stellt dann Hélène Metzger ausführlich die chemischen Theorien des 17. und 18. Jahrhunderts in Frankreich an Hand der Arbeiten einer Vielzahl von Chemikern dar und betont die zusammenführende und vereinigende Wirkung von Lémery für das Theoriegebäude in der Chemie. Auf die Salze wird dabei an vielen Stellen Bezug genommen.[13] In einem weiteren Buch erläutert Metzger in einem eigenen Kapitel die Theorie der Bildung und Zusammensetzung der Salze nach Stahl und nimmt Bezug auf die Bedeutung bei Paracelsus und den Nachfolgern van Helmonts.[14]

An neueren Publikationen muss zunächst die Arbeit von Erika Hickel über Namen, Vorhandensein, Herkunft, Aussehen und die pharmazeutische Wirkung von Salzen in den Apotheken des 16. Jahrhunderts erwähnt werden. Hickel beschreibt die Klassifizierung salzartiger Substanzen durch Agricola, Enzelius und Caesalpinus und verwendet letztere als Gliederung.[15] Den Zeitraum von der Antike

---

6 Siehe z.B. (Schleiden 2010), (Bergier 1989), (Hocquet 1993), (Kurlansky 2005) und (Multhauf 1978).
7 Siehe z.B. (Pagel 1982), (Webster 2008), (Classen 2010), (Bianchi 1994) und (Debus 2002, Vol. I, Chapt. 1).
8 Siehe z.B. (Ströker 1982, S. 31 f.) und (Multhauf 1967, Kapitel XVI).
9 Siehe z.B. (Priesner 1998, S. 319–321) und (Holmes 1999).
10 (Crosland 2004).
11 (Partington 1998).
12 (Kopp 1843 bis 1847, Teil 3, S. 1–88).
13 (Metzger 1923).
14 (Metzger 1930, S. 148–159).
15 (Hickel 1965).

bis ins Mittelalter betrachtet Helga Dittberner in Ihrer Dissertation.[16] Sie erläutert die Kenntnisse und technologischen Anwendungen von Salzen und legt einen Schwerpunkt auf die Gelehrten des Islam. Zur Auswahl der betrachteten Substanzen benutzt sie den modernen Salzbegriff. Sie zeigt dann aber die Entwicklung auf, die zur Verwendung des Namens für die Stoffklasse führt. Historiographische Bedeutung besitzt die Zusammenstellung von fünf Vorträgen von Frederic Lawrence Holmes, die speziell auf die Chemie des 18. Jahrhunderts bezogen sind. Darin werden verschiedene Sachgebiete diskutiert, deren Betrachtung in der Wissenschaftsgeschichte bisher durch die „chemische Revolution" Lavoisiers überlagert worden ist. Die Chemie der Salze steht dabei an erster Stelle und wird ausführlich diskutiert.[17]

Eine große Rolle spielen die Salze in Ursula Kleins Analyse von Geoffroys Tabelle stofflicher Beziehungen, die als Grundlage des Begriffs der chemischen Verbindung und des Konzepts der Affinität bezeichnet wird. Klein ordnet der gewerblichen Praxis die entscheidende Schlüsselrolle bei der Entstehung und Formulierung zu. Sie beschreibt die Herstellung der Salze und ihre Reaktionen in mehreren Kapiteln sehr detailliert und gibt an vielen Stellen Hinweise und Definitionen zu ihrer Klassifizierung.[18] Zusammen mit Wolfgang Lefèvre untersucht Klein in einem weiteren Werk die Klassifizierungsschemata chemischer Substanzen. Nach Ansicht der Autoren findet gegen Anfang des 18. Jahrhunderts ein Wechsel von der Zuordnung auf Grund wahrnehmbarer Eigenschaften in Verbindung mit der Herkunft der Stoffe zu einer Kategorisierung basierend auf der Zusammensetzung statt. Geoffroys Affinitätstabelle wird als erstes Beispiel genannt und mit Lavoisiers neuer Nomenklatur verglichen. Die Stoffklasse der Salze dient an mehreren Stellen als Beispiel.[19]

Das umfangreichste und detaillierteste Werk zum Thema ist jedoch die Dissertation von Rémi Franckowiak über die Salztheorien in französisch-sprachigen Chemiebüchern zwischen dem Ende des 16. und des 18. Jahrhunderts. Beschränkt auf die Entwicklung der Chemie in Frankreich wird die Entwicklung des Salzbegriffs anhand der Werke vieler Autoren dargestellt. In nur einer einzigen Entwicklungslinie des Begriffs wird ein Bruch zwischen einer „métaphysique du sel" und der Definition einer Substanzklasse aus Säure und Base zu Beginn des 18.

---

16 (Dittberner 1971).
17 (Holmes 1989).
18 (Klein 1994).
19 (Klein 2007).

Jahrhunderts postuliert. Nach Franckowiak werden innerhalb kürzester Zeit aus *dem Salz* im Singular *die Salze* im Plural.[20]

Einen ganz anderen Ansatz verfolgt Anna Marie Roos mit ihrer breit angelegten Betrachtung der flüchtigen Salze in Medizin und physiologischer Chemie in England. Ausgehend von einer persönlichen Erfahrung mit Riechsalz beschreibt sie eine Entwicklung der Theorien und medizinischen Anwendungen von Salzen durch Paracelsianer und englische Helmontianer bis zum Ersatz der Salze durch Säuren, wobei sie bei den einzelnen, überwiegend englischen Autoren viele weitere Behandlungsmethoden bespricht. Sie geht allerdings weniger auf die Bedeutungen des Salzbegriffs ein und verwendet für die Stoffklasse eher eine moderne Definition, wie sich auch an einigen Beispielen aus der Schulchemie zeigt, die sie zur Erläuterung anführt.[21]

Diese Arbeit beschäftigt sich mit dem allgemeinen Sammelbegriff der Salze. Sie ist auf die Bedeutung und den Bedeutungswandel des Begriffs Salz fokussiert und versucht Entwicklungslinien aufzuzeigen sowie die Gründe für die Veränderungen darzulegen. Ausgangspunkt für die Betrachtung ist die Prinzipienlehre von Paracelsus, die er im 16. Jahrhundert entwickelt hat, und in der das „Salz" neben „Quecksilber" und „Schwefel" ein Bestandteil der „tria prima" Lehre ist.[22] Paracelsus benutzt den Begriff in einer vollkommen neuen und andersartigen Bedeutung. Damit beginnt eine Entwicklung, die durch ein komplexes Zusammenspiel der verschiedenen Wortbedeutungen gekennzeichnet ist. Den Endpunkt dieser Arbeit bildet dann die Definition der Salze nach ihrer Zusammensetzung aus Säure- und Basenrest, deren erstmalige umfassende Festlegung von vielen Historikern dem französischen Chemiker Guillaume-Francois Rouelle im 18. Jahrhundert zugeschrieben wird.[23] Die Entwicklung zur „Begründung der neuen Ansichten" über die Salze, wie Kopp es beschreibt, hat damit bereits vor dem Start zur neuzeitlichen Chemie durch Lavoisier ihren Abschluss gefunden.

---

20 (Franckowiak 2002).
21 (Roos 2007).
22 (Partington 1998, Band 2, S. 142): „Paracelsus thought that each substance contains different kinds of salt, sulphur and mercury."
23 (Kopp 1843 bis 1847, Teil 3, S. 67): „Die Begründung der neuen Ansichten darüber, was Salz zu nennen sei, verdanken wir G.F. Rouelle", (Bergier 1989, S. 23): „Rouelle aber gelang 1774 [korrekt 1744] ein entscheidender Schritt bei der Definition der Klasse der Salze", (Brock 1992, S. 89): „Among his [Rouelle's] innovations was a new theory of salts", (Kurlansky 2005, S. 367): „Schon 1744 schuf Guillaume Francois Rouelle, Mitglied der Königlichen Akademie der Wissenschaften in Frankreich, eine Definition von Salz, die die Zeiten überdauert hat."

Zur Einführung in das Thema wird anhand eines lexikalischen Eintrags und eines allgemeinen Chemielehrbuchs kurz dargestellt, wie die Salze in der heutigen Zeit definiert sind. Ausgehend von der Gegenwart werden erste weitere Stationen der geschichtlichen Entwicklung des Begriffs durch die Einträge in die beiden bedeutendsten deutschsprachigen Lexika des 19. und des 18. Jahrhunderts beschrieben.

Anschließend beginnt die eigentliche Untersuchung des Begriffs in der Frühen Neuzeit. Als Startpunkt wird die Lehre von den „tria prima" des Paracelsus gewählt, denn im 16. Jahrhundert bekam der Salzbegriff durch diesen eine vollkommen neue Dimension. Er verwendete ihn in seiner neuartigen Lehre von der Materie als Bezeichnung für eines seiner drei Prinzipien.

In der Folge werden ausgesuchte Chemiebücher der Zeit nach Paracelsus im Hinblick auf ihre Aussagen über die Salze untersucht. Grundlage sind dabei zunächst die wichtigsten Lehrbücher der Chemie. Libavius' „Alchemia", Le Fèvres „Traicté de la Chymie", Lémerys „Cours de Chymie" und Boerhaaves „Elementa Chemiae" werden von Chemiehistorikern zu den bedeutendsten Werken ihrer Zeit gerechnet und überstreichen den Zeitraum von eineinhalb Jahrhunderten. Das gesicherte chemische Wissen für ihre Zeit ist in ihnen enthalten. Ergänzt werden die Lehrbücher durch die Auswahl einiger Monographien zum Thema Salz, die von anerkannten Fachleuten wie Thölde und Glauber oder von Chemikern wie Kunckel oder Stahl verfasst worden sind, die auf Grund ihres Wirkens bedeutenden Anteil am Fortschritt des chemischen Wissens und der Formulierung von chemischen Konzepten hatten. Es wurde jeweils ein einziges Werk der acht verschiedenen Autoren ausgewählt, um eine Übergewichtung der Ansichten eines Chemikers zu vermeiden. Außerdem sollten sowohl die praktische wie auch die lehrbezogene Seite der Chemie zu Wort kommen. Dem Salzfachmann Thölde, dem Präparatehersteller Glauber, dem Apotheker Lémery und dem Glasmacher Kunckel stehen die Lehrbücher aus einem akademischen Kontext von Libavius, Le Fèvre, Stahl und Boerhaave gegenüber. Bei der Auswahl der Schriften ist großer Wert darauf gelegt worden, dass der betrachtete Zeitraum möglichst vollständig und gleichmäßig abgebildet wird. Sie sind zeitlich nach ihrem ersten Erscheinen geordnet, auch wenn eine spätere Auflage oder Übersetzung als Grundlage für diese Arbeit dient.

Das sich daran anschließende Kapitel stellt den vorläufigen Abschluss mit der Definition der „Neutralsalze" durch Rouelle dar. Diese Nomenklatur führte zu einer ersten systematischen Bezeichnung für die einzelnen Salze. Die Entwicklung des Begriffs, kontinuierliche Linien oder Brüche sowie Auftreten und Verschwinden von Ideen, wird im Folgekapitel untersucht. Vor der abschließenden Bewertung der

Salze und ihrer Bedeutung in der Geschichte der frühneuzeitlichen Chemie werden noch einige verwandte Gebiete angerissen, in denen die Salze oder eines von ihnen eine große Rolle spielen und eine gegenseitige Beeinflussung vorliegt.

In dieser Arbeit soll herausgefunden werden, wie das Salz/die Salze in dem vorgegebenen Zeitraum charakterisiert worden sind. Welche Kriterien wurden definiert? Entsprechen diese dem lexikalischen Überblick und wenn ja, in welcher Ausprägung? Gibt es weitere Beschreibungen, die keinen Eingang in die Enzyklopädien gefunden haben? Findet eine ungeordnete und sprunghafte, nur vom jeweiligen Verfasser bestimmte Entwicklung statt oder lassen sich Entwicklungslinien aufzeigen? Auf welcher Grundlage beruht die Umkehr von der Definition eines Prinzips für alle Stoffe zurück zu einer Festlegung auf eine Klasse von Stoffen? Lassen sich bereits vor Rouelle Definitionen auffinden, die seiner Definition der Neutralsalze vorausgehen?

Nicht nur der Salzbegriff unterlag in der Frühen Neuzeit Veränderungen, dies trifft für viele Wörter der chemischen Fachsprache zu.[24] Deshalb werden trotz der Gefahr des Anachronismus hin und wieder eine moderne Sprache und heutige Fachbegriffe benutzt. Dies dient jedoch ausschließlich zur Verdeutlichung der Entwicklungen. Selbst der genaue Bedeutungsinhalt der Bezeichnung „Chemiker" ist heutzutage ein anderer als in der Frühen Neuzeit. Dennoch soll an ihm festgehalten werden, da die Gemeinsamkeiten überwiegen, und eine Komplizierung vermieden werden soll. Wenn immer möglich und weiterführend sollen auch Bezüge zur heutigen fachlichen Darstellung der Chemie gezogen werden, um eine Klarstellung der Sachverhalte zu erreichen. Dabei wird natürlich nicht vernachlässigt, die Definitionen für die Salze aus ihrem historisch-chemischen Kontext zu erfassen.

Diese Arbeit soll einen Beitrag liefern über die Entwicklung der Chemie zu einer eigenständiger Wissenschaft in der Frühen Neuzeit. Am Beispiel des Salzbegriffs beschreibt sie den Aufbau eines allgemein akzeptierten wissenschaftlichen Begriffssystems. Sie untersucht die Fragestellung, ob die Entwicklung einen kontinuierlichen Aufbau zeigt oder eher einem sprunghaften Wechsel der Lehrmeinung folgt, wie er von Thomas S. Kuhn beschrieben worden ist.[25]

---

24 Vgl. (Crosland 2004, Part I, Chapt. 3).
25 (Kuhn 1976).

3. Salze gestern und heute – ein lexikalischer Überblick

Wenden wir uns nun der Stoffklasse der Salze zu. Zur Einführung soll eine kleine Zeitreise durch drei Lexika aus verschiedenen Jahrhunderten dienen. Die drei bekanntesten und ausführlichsten deutschsprachigen Wörterbücher bilden dabei die Grundlage. Der „Brockhaus"[1] ist zurzeit wohl die umfassendste Enzyklopädie in deutscher Sprache und besteht mit seinen Vorläufern seit etwa 200 Jahren. Noch umfangreicher ist die „Oekonomische Encyklopädie" von Johann Georg Krünitz,[2] die 242 Bände umfasst und in den Jahren 1773 bis 1858 entstand. Aus dem 18. Jahrhundert stammt das 64-bändige „Grosse vollständige Universal-Lexicon Aller Wissenschafften und Künste",[3] das von 1732 bis 1754 erschienen ist. Um Bezüge herstellen zu können, fängt die Darstellung mit der Gegenwart an.

Zunächst also der Blick in den Brockhaus aus dem Anfang des 21. Jahrhunderts; dort wird unter dem Stichwort Salze erläutert: „**Salze,** urspr. in ihrer Beschaffenheit dem Salz (→Kochsalz) ähnliche Stoffe, die sich durch Reaktion von Säuren und Basen (→Neutralisation) herstellen lassen. ... In der modernen Chemie wird der Begriff S. v.a. für Stoffe verwendet, bei denen eine Ionenbindung (→ chemische Bindung) vorliegt ... und ist damit ein Synonym für den Begriff **Ionenverbindung.**"[4] Das Lexikon verweist also zunächst auf stoffliche Eigenschaften und auf die stoffliche Zusammensetzung. Ohne eine genauere Erklärung wird dargestellt, dass die Eigenschaften und das Verhalten aller Salze dem Kochsalz gleich oder zumindest ähnlich sind. Zu ihrer Herstellung wird eine Neutralisationsreaktion zwischen Säuren und Basen angeführt. Im weiteren Verlauf des Artikels wird der Begriff dann als Synonym für die Ionenverbindung definiert.

Die Ionenbindung wird in einem der bekanntesten Lehrbücher der Chemie aus dem Anfang des 21. Jahrhunderts als eine Bindungsform beschrieben, die durch die Abgabe von Elektronen von einem an ein anderes Atom entsteht, die beide auf

---

1 (Brockhaus – Enzyklopädie in 30 Bänden. 21., völlig neu bearbeitete Auflage 2006).
2 (Krünitz 1773–1858).
3 (Zedler 1732).
4 (Brockhaus – Enzyklopädie in 30 Bänden. 21., völlig neu bearbeitete Auflage 2006) Band 23, S. 742.

diesem Wege eine stabile Elektronenkonfiguration erlangen. Sie ist naturgemäß nicht gerichtet und die „durch Ionenbindung zusammengehaltenen Stoffe (Salze) [treten] in Form von „*Ionenkristallen*" [auf]."[5] Alle Salze zeichnen sich durch diese Art der Bindung aus.

Im Lehrbuch werden die Salze danach durch mehrere physikalisch-chemische Größen charakterisiert. Die meisten Salze besitzen einen sehr hohen Schmelzpunkt und einen noch höheren Siedepunkt. Ihre Löslichkeit in Flüssigkeiten mit einer hohen Dielektrizitätskonstante, wie z.b. Wasser, ist für viele Salze sehr groß. Salze besitzen eine hohe Festigkeit und reagieren bei äußeren mechanischen Kräften spröde. Sie leiten den elektrischen Strom sowohl in geschmolzenem Zustand wie auch in wässriger Lösung. Sie sind meist farblos und mehr oder weniger lichtdurchlässig.[6]

Zusammenfassend kann festgestellt werden, dass die Salze heutzutage durch ihre stoffliche Zusammensetzung und einige physikalisch-chemische Größen beschrieben werden und durch ihre Bindungsform definiert sind. Es stellt sich nun die Frage, wie die Salze in der Vergangenheit charakterisiert wurden. Ein Blick zurück in zwei Lexika aus den vorigen Jahrhunderten soll den Einstieg in frühere Definitionen erleichtern.

Ein Hauptwerk zur Entwicklung von Wirtschaft und Technik in der Phase der beginnenden Industrialisierung ist die in großen Teilen von Johann Georg Krünitz geschaffene „Oekonomische Encyklopädie", die oft unter seinem Namen genannt wird. Zum Thema Salze führt sie im Band 132 von 1822 drei Haupteigenschaften an: „daß sie: 1) einen eigenthümlichen salzigten Geschmack auf der Zunge erregen; 2) im reinsten Wasser lösbar sind und 3) nicht über 200 Theile siedendes Wasser, gegen einen Theil zur Lösung erfordern."[7] Neben der bereits erwähnten guten Löslichkeit in Wasser erscheint hier als weiteres Kriterium der Geschmack, der im modernen Lexikon nicht erörtert wird. Dies ist umso bemerkenswerter, als der Begriff „salzig" heutzutage als eine von fünf Grundgeschmacksarten festgelegt ist. Im weiteren Verlauf des Artikels in der Krünitzschen Enzyklopädie werden der kristalline Charakter, das „Zerfließen"[8], die Feuerbeständigkeit einiger Salze aber auch das „Verflüchtigen"[9] anderer, die „Zersetzung durch den Galvanismus"[10]

---

5 (Wiberg 2007, S. 120).
6 Vgl. ebd.
7 (Krünitz 1773–1858, Band 132, 1822).
8 Hygroskopizität.
9 Sublimation.
10 Elektrische Leitfähigkeit in Lösung oder Schmelze.

sowie die Farblosigkeit als allgemeine Eigenschaften aller Salze beschrieben. Als Ergänzung zu diesem Eigenschaftskatalog wird die stoffliche Zusammensetzung aus der „Verbindung einer Säure mit salzfähigen Grundlagen, mit dem Namen Salze belegt", und eine Einteilung in vier Klassen vorgenommen: die „alkalischen Salze", die „sauren Salze", die „Neutralsalze" und die „Mittelsalze".[11]

Fast 100 Jahre vor dem Krünitzschen Band 132 mit dem Stichwort Salze erschien zwischen 1732 und 1754 das „Grosse vollständige Universal-Lexicon Aller Wissenschafften und Künste"[12], das von Johann Heinrich Zedler veröffentlicht wurde. Es war die umfangreichste deutschsprachige Enzyklopädie des 18. Jahrhunderts und umfasst 64 Bände und 4 Supplementbände. Im Zedlerschen Lexikon finden wir bereits einige Elemente der Charakterisierung für die Salze aus den Krünitzschen Enzyklopädie. Die Stoffklasse der Salze wird in Analogie zum „gemeinen Salz" bezeichnet als: „allerhand Arten der Materien, die sich in Wasser auflösen lassen"[13]. In Ergänzung zur Wasserlöslichkeit werden der Geschmack und für die meisten Salze auch ihre Durchsichtigkeit angeführt. Die stoffliche Zusammensetzung wird im Artikel „Salz (Chymisches)" als „Vereinigung der Alkalien und Säuren" beschrieben.[14] Eine in der Literatur gefundene Lehre von der Form der kleinsten Teilchen, aus denen die Salze bestehen, wird ohne Begründung abgelehnt. Ein weiterer Absatz erklärt dann eine in den jüngeren Lexika nicht erwähnte Lehre von den Salzen. Sie werden als Grundprinzip der gesamten stofflichen Welt definiert.[15] Ohne eine Namensnennung wird die Prinzipienlehre von Paracelsus erläutert. Neben die Eigenschaften und die Zusammensetzung eines einzigen Stoffes bzw. einer Stoffklasse tritt nun eine neue Definition: Das Salz ist ein Grundprinzip, das in allen Stoffen enthalten sein soll. Mit der Erläuterung dieses Materiekonzepts, das von Paracelsus beschrieben wurde, beginnt im nächsten Kapitel die Entwicklung des Salzbegriffs in der Frühen Neuzeit.

Die Definition des Salzbegriffs hat sich über die Jahrhunderte geändert und spiegelt den Stand der Wissenschaft wieder. Es lassen sich geschmackliche

---

11 (Krünitz 1773–1858, Band 132, 1822).
12 (Zedler 1732).
13 Ebd. Band 33, Spalte 1298.
14 Ebd. Spalte 1322.
15 Ebd. Spalte 1300: „Die Lehre von Saltzen muß wohl verstanden werden, weil sie der Grund der gantzen Natur ist: Denn alles, was sich in der Welt befindet, hat Saltz in sich, es müßten denn ausgefaulte Cörper seyn, z.E. faul Holtz. Es hat dahero der philosophische Ausspruch seine gute Richtigkeit: In sole & sale sunt omnis, nehmlich in weitläufftigen Verstande; jedoch muß man ein Saltz nicht bloß als ein ursprüngliches Wesen, sondern als ein Principiat ansehen, und dieses ist ein Concret.

Kriterien, physikalisch-chemische Eigenschaften und der stoffliche sowie der atomare Aufbau zur Klassifizierung heranziehen. Welche Untersuchungen wurden aber durchgeführt und welche Gedankengebäude aufgestellt, bevor es im 18. Jahrhundert zu den entsprechenden Kapiteln stichwortartig aufgebauter Lexika kommen konnte? Dieser historischen Entwicklung soll im Folgenden nachgegangen werden.

4. Die Prinzipien des Paracelsus

Seit der Antike wurden verschiedene Stoffe im Hinblick auf Wasserlöslichkeit und Geschmack mit dem Kochsalz verglichen. Schon Aristoteles, Dioskurides und Plinius beschrieben einzelne Salze sowie ihre technologischen Anwendungen. Sie versuchten daneben, Theorien über ihre Entstehung zu entwickeln. Ähnlichkeiten und Beziehungen der Substanzen zueinander wurden aufgeführt und diskutiert, und die Grundlagen für den Gattungsbegriff gelegt.[1] Dittberner verneint jedoch die Eingruppierung in eine gemeinsame Stoffklasse durch Plinius.[2] Sie zeigt auf, dass erstmalig im 5. Jahrhundert n. Chr. ein sehr enger Zusammenhang einiger Salze durch Balinas (Pseudo-Appolonius von Tyana) auf Grund ihres Geschmacks angegeben wird.[3] Die eindeutige Einführung des Sammelbegriffs „Salze" für eine Stoffklasse schreibt sie in ihrer Dissertation jedoch Ibn Sina (Avicenna) (~980–1037) zu und belegt diese Ansicht eindrucksvoll.[4] Die weiteren Autoren des Mittelalters erweiterten die Kenntnisse über die Salze in praktischer Hinsicht, trugen aber nichts zur weiteren Definition des Begriffs bei.

Die Wissenschaftler des 16. Jahrhunderts folgten diesen Definitionen und unternahmen Systematisierungsversuche nach äußeren Merkmalen. Insbesondere gliederten sie die Salze nach der Art ihrer Gewinnung, nach der Ähnlichkeit in Aussehen, Geschmack, Geruch und haptischer Wahrnehmung sowie nach ihrem Verhalten im Feuer.[5] Eine vollkommen neue Wendung erhielt der Salzbegriff dann durch Paracelsus. Er erhob ihn neben „Quecksilber" und „Schwefel" zu einem Grundprinzip, das an der Ausformung der gesamten stofflichen Welt durch Vermittlung spezifischer Eigenschaften beteiligt ist.

Theophrastus Philippus Aureolus Bombastus von Hohenheim (1493–1541) nannte sich selbst Paracelsus.[6] Nach mehreren Anfeindungen und Demütigungen war es für ihn sicherlich ein probates Mittel, seine Bücher unter einem

---

1 (Priesner 1998, S. 320).
2 (Dittberner 1971, S. 31).
3 Ebd. S. 44.
4 Ebd. S. 126 f.
5 (Hickel 1965, S. 7–12).
6 (Pagel 2008).

Pseudonym zu veröffentlichen[7]; andererseits zeigt sich ein gewisser Hochmut, wenn er mit diesem Namen seine Überlegenheit über den berühmten römischen Medizinschriftsteller Aulus Cornelius Celsus (~25 v.Chr. – ~50 n.Chr.) demonstrieren wollte. Unter dem Namen Paracelsus ist eine Vielzahl von Büchern publiziert worden, die meisten allerdings erst nach seinem Tode. Begünstigt wurde sein großer Ruhm sicherlich durch die Einführung des mechanischen Buchdrucks mit metallenen Lettern. Nach seinem Tode wurde der Paracelsianismus ein bedeutender Faktor durch die Publikationen seiner Nachfolger.[8]

Paracelsus war ein unruhiger Geist in einer unruhigen Zeit. Sein Leben fiel in eine Periode großer Unsicherheit und dynamischer Umwälzungen. Die Frühzeit der Reformation verbunden mit den Bauernkriegen prägte das intellektuelle und soziale Umfeld.[9] Während seines gesamten Lebens reiste er von Ort zu Ort und wurde nie sesshaft. Paracelsus war kein an die Gesellschaft und die herrschenden Meinungen angepasster Arzt und Naturphilosoph, er liebte streitbare Auftritte und beißende Kritik. Sein trotziges Auftreten gegen jegliche Autoritäten und seine Exaltiertheit[10] machten ihn zu einem unbequemen Menschen seiner Zeit, der eine große Gegnerschaft besaß. Gegenüber dem wissenschaftlichen Establishment war es zudem eine Provokation, dass er seine Schriften und Vorlesungen auf Deutsch verfasste. Trotz aller Gegner gewann er jedoch auch eine große Anhängerschaft, so dass er innerhalb weniger Jahrzehnte in eine Reihe mit Albrecht Dürer und Martin Luther gestellt wurde.[11]

Der unkonventionelle Arzt Paracelsus wird für seine theoretischen Ansichten in der Chemie gewürdigt, die von nachfolgenden Chemikern weiter ausgebaut wurden. „Die Hinzufügung eines dritten Grundbestandteils der Materie (Sal) zu den bereits von den arab. und lat. Alchemikern des Mittelalters konzipierten Prinzipien Sulphur und Mercurius, war für die weitere Entwicklung der neuzeitlichen Alchemie und Chemie von grundlegender Bedeutung und wurde von fast allen

---

7   (Webster 2008, S. 14).
8   Ebd. S. 34
9   Ebd. S. xii: „The adoption of a broader framework inevitably requires engagement with the social and intellectual environment in Germany during the early Reformation and the German Peasant's War. It is unrealistic to consider the career and aspirations of Paracelsus without reference to the crisis that gripped the German region at this date."
10 (Classen 2010, S. 4): „Gerade die Exaltiertheit seines Charakters, sein trotziges Auftreten und Revoltieren gegen jegliche Autoritäten , sein starker Glaube daran, die entscheidenden Erkenntnisse in sich selbst zu finden ohne Rekurs auf die traditionellen Lehrmeinungen, drohen ihn für uns heute nicht mehr verständlich zu machen."
11 (Webster 2008, S. 2): „Within a few decades of his death Paracelsus was being ranked alongside Dürer and Luther in estimates of his importance."

späteren paracelsistischen Autoren übernommen."[12] Mit diesen Worten wird auf die „tria prima" genannte Materielehre von Paracelsus hingewiesen und ihre herausragende Stellung in der Chemie des 16. und 17. Jahrhunderts betont.

Bis in das hohe Mittelalter war die Naturlehre des Aristoteles das grundlegende Lehrgebäude. Die griechischen Schriften wurden auf dem Umweg über das Arabische übertragen und dabei durch Avicenna (987–1037) und Averroës (1126–1198) ergänzt und erweitert. Anschließend wurden sie ins Lateinische übersetzt und durch die mittelalterlichen Alchemiker bearbeitet. Neben die Lehre von den vier Elementen traten dabei zwei Träger von Grundeigenschaften: „Quecksilber" und „Schwefel". Beide sollten an der Ausformung der stofflichen Welt in den Metallen mitwirken und ergänzten die Materielehre von Aristoteles. Sie dürfen als Träger und Vermittler von Eigenschaften nicht mit den heutigen Elementbezeichnungen verwechselt werden. Zur Unterscheidung sind die Prinzipien in dieser Arbeit in Anführungszeichen gesetzt worden. Da sie in der Literatur mit vielerlei Namen bezeichnet werden, sind aus Gründen der besseren Vergleichbarkeit und der Kontinuität überwiegend die deutschen Bezeichnungen gewählt worden.

Paracelsus hat den beiden Prinzipien „Quecksilber" und „Schwefel" ein drittes hinzugefügt und betont dessen Notwendigkeit: „sie sagen nach der alten philosophischen ler, aus mercurio und sulphure wachsen alle metall, …, nun secht was lügen! …dieweil der metall und alle mineralischen dinge in drei dingen standen und nit in zweien".[13] Das dritte Prinzip nennt Paracelsus „Salz", was natürlich auch nicht mit dem materiellen Stoff verwechselt werden darf. Er sieht die Wirksamkeit der drei Prinzipien nicht nur in den Metallen, wie es die Alchemisten des Mittelalters vor ihm taten, sondern er bezieht sie auf die gesamte stoffliche Welt, ja er schließt den menschlichen Körper[14] und sogar das Himmelsgewölbe mit ein.[15] Damit hebt er die aristotelische Unterscheidung des Kosmos unterhalb und oberhalb des Mondes auf. In jedem materiellen Körper sind diese drei Prinzipien vorhanden und nur durch das „Leben" ergänzt.[16] Allerdings ist das Nebeneinander von aristotelischen Elementen und den „tria prima" oft unklar. In den Schriften von Paracelsus lassen sich

---

12 (Müller-Jahncke 2001).
13 (Theophrast von Hohenheim 1924–1933, Band 8, S. 147 f.).
14 Vgl. (Bianchi 1994, S. 21).
15 (Webster 2008, S. 143).
16 (Theophrast von Hohenheim 1924–1933, Band 9, S. 45): „Drei sind der substanz die do einem ietlichen sein corpus geben; das ist ein ietlich corpus stet in dreien dingen. die namen diser dreien dingen sind also: sulphur, mercurius, sal. dise drei werden zusamen gesezt, als dan heißts ein corpus, und inen wird nichts hinzu getan als alein das leben und sein anhangendes."

des Öfteren widersprüchliche Aussagen zu dieser Thematik finden.[17] Des Weiteren bestand eine große Unsicherheit bei Paracelsus, wie die vorgeschlagenen Entitäten zu bezeichnen wären. Er schwankte zwischen verschiedenen Begriffen, bevor er letztendlich überwiegend von „ding" schreibt.[18] Seine Nachfolger führten den Begriff „Prinzip" ein, der auch in dieser Arbeit benutzt wird.

Die drei Prinzipien sollen anhand ihrer Eigenschaften in den Stoffen identifizierbar sein, und es ist fraglich, ob Paracelsus der Meinung war, dass sie jemals rein isoliert werden können.[19] Sie seien im Innern der Körper verborgen und für den Laien nicht wahrnehmbar. Um sie erkennen zu können, bedürfe es der chemischen Kunst, der Scheidekunst. Das Feuer soll die Möglichkeit eröffnen, die drei Prinzipien für den Eingeweihten sichtbar zu machen.[20] Allein die Operation des starken Erhitzens ermögliche es, durch die äußere Schale in das Innere der Dinge zu schauen.

Die Eigenschaften der „tria prima" werden an vielen Stellen in den Werken beschrieben, wobei es, wie bei Paracelsus üblich, unterschiedliche und überlappende Aussagen gibt. Die erste Erklärungsursache ist in der Verbrennung zu finden. Paracelsus beschreibt, dass alles, was brennt und verbrennt, durch das Prinzip „Schwefel" bewirkt wird. Der entstehende Dampf und Rauch beinhalte das Prinzip „Quecksilber", während das „Salz" in der Asche verbleibe.[21] „Schwefel" sei das Prinzip des Feuers und der Brennbarkeit, „Quecksilber" das der Flüssigkeit und der Flüchtigkeit, das „Salz" soll für Beständigkeit und Festigkeit stehen.

„dan do muß am ersten ein leib sein, in dem man werke, das ist der sulphur; do muß sein die eigenschaft, das ist die kraft, das ist der mercurius; do muß sein die compaction, congelation, coadunation, das ist sal."[22] Der „Schwefel" bewirkt nach Paracelsus die Brennbarkeit, daneben ist er aber auch das Prinzip der Körperlichkeit. Er erläutert weiter, dass das „Quecksilber" für die Kraft und die Eigenschaften der Körper stehe, während das „Salz" ihren Zusammenhalt bewirke als Prinzip der Verdichtung, des Erstarrens und des Zusammenwachsens, weshalb es manchmal auch „Balsam" genannt werde. Das „Salz" soll den Körpern ihre stoffliche Festigkeit verleihen und die

---

17 Vgl. (Debus 2002, S. 58).
18 (Webster 2008, S. 136): „He was obviously entirely uncertain about the label to apply; within a short passage he was liable to try out various names, among the commonest being *corpora, ersten, essentiis, species, stücke,* and *dinge.*"
19 Vgl. (Debus 2002, S. 57).
20 (Theophrast von Hohenheim 1924–1933, Band 9, S. 41): „das ist das feuer bewert die drei substanzen und stellt sie lauter und klar für, rein und sauber."
21 Ebd. Band 11, S. 348: „dan alles was im feur reucht und verreucht ist mercurius, was brennet und verbrennet ist sulphur und alles was aschen ist, das ist auch ein sal."
22 Ebd. Band 3, S. 47.

Trennung der Prinzipien verhindern. Es soll für die unterschiedliche Härte der Stoffe verantwortlich sein,[23] und den Körpern ihren Geschmack und ihre Farbe verleihen.[24]

Die drei Prinzipien des Paracelsus dürfen allerdings nicht als einheitlich und unveränderlich angesehen werden. Jedes der 4 aristotelischen Elemente enthält seinen eigenen „Schwefel", sein eigenes „Quecksilber" und sein eigenes „Salz": „Ein ietlich element stet in dreien dingen: in mercurio, sulphure und sale. also sind 4 mercurii, 4 sulphura, 4 salia."[25] Und nicht nur die Elemente enthalten jeweils ein spezifisches Prinzip, nach Paracelsus existieren so viele „Schwefel", „Quecksilber" und „Salz" wie es Dinge in dieser Welt gibt. Er schreibt, dass sich diese Unterscheidung in allen natürlichen Stoffen fortsetzt bis hin zum menschlichen Körper. Jeder Bestandteil des Menschen, Knochen, Fleisch und Blut: alle hätten ihre eigene Ausprägung der drei Prinzipien.[26] Aus diesen Beschreibungen wird deutlich, dass die Prinzipien weder mit den aristotelischen noch mit unserem modernen Elementbegriff vergleichbar sind.[27]

Als Mediziner schreibt Paracelsus den drei Prinzipien auch eine physiologische und eine pharmazeutische Wirkung zu. Er lehnt die galenische Humoralpathologie ab und ersetzt sie durch seine eigene Krankheitslehre. Ein Ungleichgewicht des „Schwefels" in einem Organ sei für seine Entzündung verantwortlich während eine Erhöhung des „Salzes" ein Geschwür hervorrufe. „Quecksilber" durchziehe den Körper mit seiner feinen Flüchtigkeit und könne zu einem plötzlichen Tod führen.[28] Auf der anderen Seite können die drei Prinzipien nach Paracelsus auch als Heilmittel eingesetzt werden. Das „Salz" könne als Mittel zur Reinigung des Körpers genutzt werden, wobei an den abführenden oder an den Brechreiz erzeugenden Einfluss einiger Salze gedacht werden muss. Allerdings versteht Paracelsus die Wirkung der Prinzipien nicht auf Grund „biochemischer" Reaktionen sondern eher „biospiritueller" Prozesse.[29]

Neben ihrem materiellen Charakter besitzen die „tria prima" auch einen übertragenen Aspekt. Sie beschreiben die Materie sowohl unter körperlichen wie auch geistigen Gesichtspunkten, Pagel spricht von einer „spritualization of matter"[30]. So steht der

---

23 Ebd. Band 9, S. 83: „dan aus dem salz kompt dem diemant sein herti, dem eisen sein herti, dem blei sein weichi, dem alabaster sein weichi und dergleichen."
24 Vgl. (Klein 1994, S. 38 f.).
25 (Theophrast von Hohenheim 1924–1933, Band 1, S. 13).
26 Ebd. Band 9, S. 83: „darumb so ist ein ander sal in beinen, ein anders im blut, ein anders im fleisch, ein anders im hirn und dergleichen."
27 (Pagel 1982, S. 103).
28 Vgl. (Bianchi 1994, S. 22 f.).
29 (Meier 2010, S. 177). „Es handelt sich um Grundbegriffe eher biospiritueller als biochemischer Art."
30 (Pagel 1982, S. 86).

„Schwefel" für die Seele, das „Quecksilber" für den Geist und das „Salz" für den Körper.[31] Sie sind im Rahmen des neuplatonischen Weltseele-Begriffs zu verstehen. Für Paracelsus besteht die gesamte Natur aus belebter und beseelter Materie, sie ist als eine Einheit zu sehen. Diese Einheit umfasst zudem nicht nur die gesamte weltliche Realität sondern erstreckt sich bis hin zu den himmlischen, spirituellen Wesen.[32] Paracelsus sucht nicht nach den kleinsten Bestandteilen der Materie sondern nach einer Art Lebensprinzip.[33] Seine Prinzipien sind die Urformen aller Qualitäten und die geistigen Kräfte, die zur Ausprägung dieser Qualitäten in den Stoffen führen.[34] „Schwefel", „Quecksilber" und „Salz" sind als allgemeine Prinzipien zu verstehen, die zur Erklärung der Phänomene in der stofflichen Welt dienen. Die Unterschiedlichkeit dieser Phänomene, die zum Beispiel bei der Verbrennung verschiedenster Materialien beobachtet werden können, soll nicht unterdrückt werden, sondern in einer zusammenfassenden Theorie miteinander verbunden werden. Paracelsus ist wohl durch theologische Überlegungen geleitet worden, für seine Theorie gerade eine Anzahl von drei Prinzipien zu wählen. Die Dreiheit in der stofflichen Welt findet ihre Entsprechung in der Dreieinigkeit, und die Zahl drei ist durch die Schöpfung vorherbestimmt.[35]

Das Gedankengebäude der „tria prima" ist an verschiedenen Stellen in den zahlreichen Schriften Paracelsus' errichtet worden, es lassen sich oft widersprüchliche Aussagen finden. Unklar ist, ob es eine kontinuierliche gedankliche Entwicklung über die Zeit gegeben hat.[36] Die „tria prima" sind nicht eindeutig definiert, man kann sie als materielle Komponenten, als elementare Qualitäten und Wirkprinzipien oder als spirituellen Impuls verstehen.[37]

Über die Bedeutung des Salzes als Prinzip ist in der Paracelsus-Literatur viel publiziert worden. Inwieweit er den Begriff zusätzlich als Bezeichnung für eine Klasse von Stoffen benutzt hat, ist weniger untersucht. Die Prinzipientheorie ist so wirkmächtig, dass sie die Forschung dominiert hat.

---

31 (Theophrast von Hohenheim 1924–1933, Band 11, S. 318): „der mercurius aber ist der spiritus, der sulphur ist anima, das sal das corpus, das mitel aber zwischen dem spiritus und corpore, davon auch Hermes sagt, ist die sêl und ist der sulphur der die zwei widerwertige ding vereinbaret und in ein einiges wesen verkeret."
32 Vgl. (Klein 1994, S. 40 f.).
33 (Pagel 1982, S. 85).
34 Ebd. S. 84.
35 (Webster 2008, S. 134 f.).
36 Ebd. S. 139–142.
37 (Pagel 1982, S. 101): „It would therefore appear that sulphur, salt and mercury do not bear a clear-cut definition either as original material components or else as elementary qualities or purely spiritual impulses."

5. Die Salze der Chemiker

5.1 Andreas Libavius: Alchemia

Andreas Libavius (nach 1555-1616) wurde in Halle geboren und besuchte dort das Gymnasium. Er studierte zunächst Philosophie und Geschichte in Wittenberg und Jena, etwas später erwarb er den Doktorgrad in Medizin an der Universität Basel. Er wirkte einige Jahre als „Stadtphysikus" in Rothenburg o.d.T., war aber die längste Zeit seines Lebens als Lehrender in Ilmenau, Jena und vor allem in Coburg tätig.[1] Andreas Libavius war ein Universalgelehrter seiner Zeit, einer Zeit, die sich in den deutschen Ländern durch eine gewisse Konsolidierung in Gesellschaft und Politik sowie auch in Glaubensfragen auszeichnete. Er war Arzt, Chemiker und Philosoph in einer Person; vor allem aber muss er als einer der großen „Schulmeister" bezeichnet werden[2], ein Lehrer, der seinen Beruf als Grundlage des Lernens und einer stabilen intellektuellen und gesellschaftlichen Grundordnung sah.[3] Diese innere Haltung setzte ihn in einen diametralen kulturellen Gegensatz zu Paracelsus, der das Lernen aus den alten Schriften von Aristoteles und Galen verdammte.[4] Libavius ging es in seiner Kritik an Paracelsus und seinen Nachfolgern allerdings mehr um die Form der Gewinnung und Weitergabe chemischen Wissens als um die Inhalte der paracelsischen Lehre. Neben der „Alchemia" hat er viele weitere Bücher und Briefe geschrieben, in denen er seine kulturellen und philosophischen Ansichten verteidigte.[5]

Paracelsus hat seine chemischen Ansichten und iatrochemischen Rezepte in vielen einzelnen Schriften recht unsystematisch niedergeschrieben. Im Gegensatz dazu stehen der geordnete Aufbau und die Zusammenfassung der chemischen Kenntnisse durch Andreas Libavius im Jahr 1597. Seine „Alchemia" wird als das

---

1 (Rex 1985).
2 (Hannaway 1975, S. 112): „Libavius belonged to the golden age of schoolmasters, that tribe who swarmed through European society in the second half of the sixteenth century to capture, form, and tyrannize the minds of the *burgelische* youths."
3 Ebd. S. 104.
4 (Moran 2007, S. 9).
5 Ebd. S. 4: „Libavius's criticisms and censures of philosophers, chymists, physicians, and theologians defined the places where he could imagine himself being, as opposed to those where he could not."

erste systematische Lehrbuch der Chemie bezeichnet.[6] Libavius wird für die Einbeziehung der Naturwissenschaft in seinen Unterricht gerühmt und insbesondere für „die systematische Zusammenfassung des chemischen Gesamtwissens ... zu einer eigenständigen Lehrdisziplin nach einheitlicher Methode."[7] Die „Alchemia" wird nicht nur als Beginn für die Tradition der chemischen Lehrbücher gesehen, sie wird sogar gerühmt als Grundlegung für die Chemie als eigenständige Wissenschaft.[8]

Die „Alchemia" ist ein Lehrbuch der praktischen Chemie, theoretische Aspekte werden nur an untergeordneter Stelle erwähnt. Heutzutage würde man sie vielleicht als ein Lehrbuch der chemischen und pharmazeutischen Verfahrenskunde bezeichnen. Libavius stellt das Lehrgebäude der Chemie anhand chemischer Reaktionen und Verfahren dar. In gerade einmal zwei kurzen Eingangskapiteln gibt er einige Definitionen über das Wesen und die Gebiete der (Al)Chemie. Anschließend beschreibt er die Herstellung von Substanzen und Substanzgemischen in einer Vielzahl von Rezepten verbunden mit der Darstellung ihrer pharmakologischen Wirkung. Der größte Wert wird dabei auf die präzise Beschreibung der chemischen Verfahren gelegt. Libavius hat aber kaum ein Verfahren selbst entwickelt sondern fast alle aus der Literatur übernommen; er muss über eine äußerst umfangreiche Bibliothek chemischer Schriften verfügt haben.[9] Wie er in der Vorrede darlegt, baut er auf den Kenntnissen von Paracelsus und denen vieler anderer Autoren auf. Er wettert allerdings gleich gegen die „betrügerischen Paracelsisten" und schreibt: „Kläglich wäre es um die Chemie bestellt, wenn sie auf Paracelsus aufgebaut werden müßte."[10]

In den einzelnen Rezepten kann der Begriff „Salz" an einigen Stellen bei der Beschreibung der Ausgangsmaterialien und der Endprodukte angetroffen werden. Wenn keine weiteren Erklärungen oder Erweiterungen vorliegen, ist meistens das Kochsalz gemeint. Oft wird es durch den Zusatz „gemeines" oder „gewöhnliches" Salz präzisiert. Andere Salze werden in der Regel durch beschreibende Adjektive bzw. Vorsilben kenntlich gemacht oder mit ihrem direkten Namen bezeichnet.

Einige Beispiele dafür, welche Stoffe Libavius als Salze bezeichnet, sollen anhand ihrer Rezepte dargestellt werden. Zur Herstellung des „Liquor[s] von

---

6   (Partington 1998, Band 2, S. 247).
7   (Rex 1985).
8   (Hannaway 1975, S. 142 f.).
9   (Moran 2007, S. 53).
10 (Libavius 1964, Vorrede).

Salzen"¹¹ können eine Reihe von Ausgangsmaterialien Verwendung finden. Bevor die Salze dabei „in der dunstigen Luft entweder eines Kellers oder eines Bades gelöst" werden, müssen sie gereinigt werden. Der Salmiak wird vor dem Lösen sublimiert, Steinsalz in wenig Wasser gelöst und von Verunreinigungen getrennt, während gereinigter Salpeter vor dem Lösen geschmolzen wird. Nur als „den Salzen … ähnlich" wird der Alaun bezeichnet. Als gemeinsames Kriterium für alle Substanzen kann die Wasserlöslichkeit und die Hygroskopizität erkannt werden.

Zur Herstellung der „Quintessenz von Salz"¹² werden zwei verschiedene Rezepte beschrieben.¹³ Im ersten Rezept wird bei den Ausgangsstoffen zwischen „flüchtigem" und „fixem" Salz unterschieden. Das „flüchtige" Salz kann zur Reinigung sublimiert, das „fixe" stark erhitzt werden. Beiden Salztypen ist die bereits erwähnte Hygroskopizität gemeinsam. Im darauf folgenden Rezept wird die Darstellung der „Quintessenz" von Vitriol und Alaun behandelt. Beide werden nicht den Salzen zugerechnet, ohne dass ein Grund für diese Einstufung genannt wird. Das gleiche gilt für den Weinstein, der in einer anderen Beschreibung separat zu den Salzen erwähnt wird.¹⁴

Die Alkalien werden bei Libavius an anderer Stelle und abgetrennt von den Salzen behandelt, obwohl er eine gewisse Ähnlichkeit im Lösungs- und im Kristallisationsverhalten sieht. Im Rezept „Über die durch Aufsteigen destillierten Wässer von Mineralien"¹⁵ wird sogar von einem „Alkalisalz" gesprochen, diese Bezeichnung allerdings in Anführungszeichen gesetzt. Es kann vermutet werden, dass die mineralischen Alkalien den Salzen näher stehen sollen, als die durch Verbrennung von organischem Material erhaltenen.

Eine der wenigen Stellen, die theoretische Überlegungen enthält, finden wir im Kapitel „Über die ‚Kristalle'".¹⁶ Kristalle im heutigen Sinn nennt Libavius „Eis", während die Kristalle für ihn eine Untergruppe sind, die sich durch ihre Durchsichtigkeit nach Art der Bergkristalle auszeichnet. Die andere Untergruppe der „Eise" ist meist farbig und wird als Vitriol bezeichnet. Beide werden aber auch Salz oder Alkali genannt.¹⁷ Kristalle von Salzen dürfen allerdings nur so genannt

---

11 Ebd. S. 231.
12 Das Eigentliche oder das Wesen des Salzes: Versuch zur Herstellung des reinen Salzprinzips.
13 (Libavius 1964, S. 356 f.).
14 Ebd. S. 314.
15 Ebd. S. 481.
16 Ebd. S. 499–508.
17 Ebd. S. 499: „Das ‚Eis' dieser Art erfährt eine Unterteilung in zwei Benennungen: es heißt nämlich bisweilen ‚Kristall', bisweilen ‚Vitriol', obwohl beidem aufgrund

werden, wenn sie durch Auskristallisieren erhalten worden sind, auch wenn sie ansonsten eine „kristallartige Konsistenz und Gestalt haben".[18] In den nachfolgenden Rezepten wird die Kristallisation einer Reihe von Salzen beschrieben, mit denen der heutige Chemiker zum Teil wenig anfangen und bei denen es sich auch um Mischkristalle gehandelt haben kann: „Nitrumsalz", „Echtes Anatronsalz", Alembrothsalz des Euchyon", „Nitrum der Kunst", „Salmiak" und „Harnsalz". In den folgenden Abschnitten werden weitere Kristalle genannt, ohne sie den Salzen zuzuordnen. Dabei handelt es sich unter anderem um Weinstein, Kristalle aus dem Essig, Stoffe aus wässrigen Pflanzenextrakten, Borax und Kandiszucker.

Zwei weitere Kapitel mit theoretischen Überlegungen befinden sich etwa in der Mitte des Werkes, auch wenn man sie vielleicht eher am Anfang erwartet hätte. Es handelt sich dabei um die jeweils ersten Traktate aus den Kapiteln „Über die Elemente der Substanz"[19] und „Über das Magisterium der Prinzipien"[20]. Libavius definiert „die Elemente der Substanz als den Elementen der Natur analoge, durch Auflösen der inneren Mischung entstandene Magisterien."[21] Im weiteren Verlauf des Kapitels benennt er die aristotelischen vier Elemente und versucht sie aus Metallen, Steinen, Gläsern, Pflanzen, Fleisch, einigen Flüssigkeiten und aus nicht näher definierten Salzen durch Einwirkung großer Hitze darzustellen.

Im Kapitel über die Prinzipien folgt Libavius den „tria prima" von Paracelsus, obwohl er auch an dieser Stelle nicht auf einen Seitenhieb gegen diesen verzichtet.[22] Er bestreitet zudem Paracelsus' Urheberschaft der Lehre und schreibt sie dem Alchemisten Isaac Hollandus aus dem 14. oder 15. Jahrhundert zu[23]. Er definiert die Prinzipien als die gestaltgebende Ursache der passiven „materia prima". Gleich Paracelsus verwendet er die lateinischen Wörter „Merkur" und „Sulphur" für „Quecksilber" und „Schwefel". Er beschreibt „Quecksilber" als „das materielle, dampfartige Prinzip von der Natur des Wassers,"[24] das

---

analoger Verfertigung und Gestalt bisweilen auch die Benennung ‚Salz' oder ‚Alkali' beigelegt zu werden pflegt."
18 Ebd. S. 500.
19 Ebd. S. 307–314.
20 Ebd. S. 314–324.
21 Ebd. S. 307.
22 Ebd. S. 316: „Für Paracelsus [ist dies] nicht selten Crocus, Öl, Balsam usw., … , obwohl bei ihm in der Chirurg[ia] mag[na] auch das Salz … mit dem Namen Balsam benannt wird, weil er dem Unsinnreden zugetan ist."
23 (Moran 2007, S. 155).
24 (Libavius 1964, S. 315).

Veränderungen unterworfen ist. Das „Salz ist das erdige Prinzip"[25], das den Zusammenhalt der Körper bewahrt. Der „Schwefel" ist letztendlich das flüchtige, feuerartige Prinzip, durch das bei Libavius im Gegensatz zu Paracelsus „den Stoffen Kraft und Leben innewohnt."[26] Libavius betont am Beispiel des „Quecksilbers"[27] und des „Schwefels"[28], dass es sich bei diesen beiden Prinzipien nicht um die jeweiligen Stoffe handelt, für das „Salz" fehlt eine derartige Klarstellung jedoch. In den beiden folgenden Traktaten beschreibt Libavius, wie die Prinzipien aus den Metallen und aus den Vegetabilien herausgelöst und angeblich rein dargestellt werden können.

Während die „Alchemia" die chemischen Operationen, die „Handgrifflehre", im Einzelnen und ausführlich beschreibt, fehlt eine zusammenfassende Darstellung der Stoffkunde. Der Name Salz wird für das Kochsalz gebraucht und weiter auf eine Reihe von ähnlichen Stoffen übertragen. Aus den Rezepten lassen sich zwei Kriterien erkennen, die das Kochsalz erfüllt und denen die anderen Salze Genüge tun müssen. Dabei handelt es sich zum Einen um die Wasserlöslichkeit, die mit einer gewissen Hygroskopizität verbunden ist. Zum anderen besitzen die Salze das Vermögen, aus gesättigten Lösungen auszukristallisieren. Die Art der Kristalle und die Kristallformen werden jedoch nicht weiter spezifiziert.

Neben der Bezeichnung Salz für eine Reihe von Stoffen übernimmt Libavius die Lehre der drei Prinzipien. Auch wenn er an vielen Stellen gegen Paracelsus zu Felde zieht, übernimmt er dessen Theorie im Kern unverändert, er bezweifelt allerdings dessen alleinige Urheberschaft. Während Paracelsus seine „tria prima" äußerst ausschweifend und unpräzise formuliert, trifft für Libavius das genaue Gegenteil zu. Er stellt die Lehre von den drei Prinzipien in einem kurzen Abschnitt sehr präzise dar. Seine Formulierungen sind sachlich und ohne sprachliche Ausschweifungen. Er zitiert aus verschiedenen Werken von Paracelsus und weist auf Ungereimtheiten hin. Er kritisiert doppeldeutige Bezeichnungen und legt sich auf einheitliche Fachausdrücke fest. Er stellt die Kernpunkte der Theorie klar und deutlich dar, wie man es bei einem Lehrbuch erwartet.

Zusammenfassend kann festgestellt werden, dass der Begriff Salz in zwei verschiedenen Zusammenhängen verwendet wird:

---

25 Ebd.
26 Ebd.
27 Ebd.: „Du wirst hier die besondere Bedeutung des Wortes Merkur bemerken, die man nicht, wie sonst, mit Hydrargyrus vertauschen kann."
28 Ebd. S. 316: „So ist etwas anderes dieser Sulphur, etwas anderes der gewöhnliche Schwefel,"

1. „Salz" als ein Bestandteil der unveränderten Prinzipienlehre von Paracelsus
2. Salz als nicht weiter definierter Name für eine Anzahl von Stoffen. Als beschreibende Kriterien können die Wasserlöslichkeit, eine gewisse Hygroskopizität und die Kristallstruktur genannt werden.

5.2 Johann Thölde: Haliographia

Johann Thölde (~1565– ~1614) ist bekannt geworden als Herausgeber und wohl auch Verfasser der alchemistischen Schriften, die unter dem Namen Basilius Valentinus erschienen sind.[29] Unter eigenem Namen hat er wenige Bücher veröffentlicht, sein bekanntestes Werk ist die „Haligraphia", die zuerst 1603 erschien und als „Haliographia" 1612 erneut aufgelegt worden ist.[30] Der Lebensweg Thöldes ist bisher nicht in allen Einzelheiten aufgeklärt.[31] Er soll um das Jahr 1565 im hessischen Grebendorf geboren worden sein, sein Todesjahr ist in der Literatur umstritten, sein Sterbeort unbekannt. Er hat an den Universitäten in Erfurt und Jena studiert und ist dort mit einer Reihe alchemistischer Traktate bekannt geworden.[32] Thölde wird dann einerseits als angesehener Pfannherr und Kämmerer in dem kleinen thüringischen Ort Frankenhausen beschrieben, eine Position, die er durch Einheirat erworben hatte. Später wird er dann Berghauptmann in Kronach, ob zusätzlich zu seinen Aufgaben in Frankenhausen ist ungeklärt.[33] Andererseits bestehen auf Grund seines unsteten Lebenswegs mit häufigem Wechsel des Wohnorts verbunden mit der unzureichenden Quellenlage einige Zweifel am Bild des erfolgreichen Bürgers und Beamten, ein oftmaliges Scheitern kann nicht vollkommen ausgeschlossen werden.[34] Unbestritten ist jedoch, dass Thölde ein hervorragender Kenner des Salinenwesens war und die „Haliographia ... das erste deutsche ‚Salzbuch' im umfassenden Sinne."[35]

Nach den Widmungen und der „Vorrede an den guthertzigen Leser" besteht die „Haliographia" aus vier Teilen. Im ersten werden in vier Kapiteln die allgemeinen und theoretischen Aspekte der „Saltz-Mineralien" ausgeführt. Dieser Teil wird als Grundlage für diese Arbeit dienen. Der zweite Teil beschreibt die Verfahren der Siedesalzproduktion, die in den nächsten Jahrhunderten unverändert

---

29 (Priesner 1986).
30 (Thölde 1992).
31 (Görmar 2002).
32 Ebd. S. 6–8.
33 Ebd. S. 12 f.
34 (Humberg 2004).
35 (Thölde 1992, Nachwort von Hans-Henning Walter, S. 3).

ihre Gültigkeit behalten werden.[36] Im dritten wird eine Fülle deutscher Salinenorte ausführlich beschrieben. Den Abschluss im vierten Teil bildet dann die Herstellung von Salzen und wohl eher von Salzgemischen[37] sowie ihre Anwendung am Menschen, was für den heutigen Leser zum Teil kuriose Züge aufweist.

Das erste Kapitel des ersten Teils „Von der Materia des Saltzes / und woraus dieselbe Materia ihren ersten Anfang / originem und Ursprung hat." beginnt mit einer Erklärung des Wortes Salz und verweist auf den griechischen Ursprung. Anschließend wird eine Entstehungstheorie der Salze erörtert, die ihren Ausgang in der Lehre von Paracelsus hat, der die vier Elemente des Aristoteles oft als „Mütter" und die drei Prinzipien als „Samen" bezeichnet. Dahinter steht das Verständnis der fortlaufenden Geburt und des Wachsens aller Naturkörper. Man könnte an einen Zeugungsakt zwischen Elementen und Prinzipien denken, wobei Paracelsus annimmt, dass der Samen bereits in den Elementen bereitliegt.[38]

Thölde folgt der Auffassung der Geburt aller Dinge, wenn er schreibt: „Sondern die prima materia daraus alle Saltze herkommen / so wol das Meersaltz selbsten ist ein ander Genus, keine begreiffliche irdische und Corporalische Form / sondern eine geistliche Mutter / wie ichs nennen soll / welche durch eine Himmlische influens unnd Syderische impression schwanger wird / unnd durch außkochung einer Elementischen wirckung / ein irrdische Form unnd begreiffliche Substantz und Saltzwesen gebieret"[39]. Er steht in der Tradition des neuplatonischen Gedankenguts und macht einen deutlichen Unterschied zwischen den stofflichen Salzen und dem Prinzip mit gleicher Bezeichnung. Die Stoffklasse der Salze lässt sich dabei auf ein gemeinsames Entstehungsprinzip zurückführen.

Im zweiten Kapitel „Von vielerley Geschlecht und unterscheid der Saltz-Mineralien." werden die auf diese einheitliche Art und Weise erzeugten Salze differenziert. Die erste Unterscheidung wird an Hand der Einteilung in die drei Reiche der Natur nach mineralischer, tierischer und pflanzlicher Herkunft getroffen.[40] Den Salzen mineralischer Herkunft wird die größte Schärfe zugeschrieben, da sie „Corrosivischer Geburt unnd qualitet"[41] sind. Eine weitere Dreiteilung wird nach

---

36 Ebd. S. 7.
37 S. dazu (Priesner 2008).
38 Vgl. (Klein 1994, S. 41–44).
39 (Thölde 1992, S. 48).
40 Ebd. S. 54: „Alle Saltz-Mineralien sind inn ihrer ersten Wurtzel der gebehrung halben einig / aber nach ihrer geburt inn unterschiedene Gradus aufgetheilet / Alß da zu finden sind die Saltze aus den Mineralien / die Saltze aus den Animalien / unn die Saltze aus den Vegetabilien."
41 Ebd. S. 55.

Geschmack und Verwendung getroffen. Die „scharffe[n] und bittere[n] Saltze"[42] werden zur Speise gebraucht, wobei nicht weiter auf die geschmackliche oder die konservierende Wirkung eingegangen wird. Die „brennende[n] etzende[n] Saltze"[43] finden Anwendung in der Medizin oder anderen Künsten, wobei wohl an die bereits in der Einleitung erwähnten handwerklichen technischen Anwendungen gedacht werden muss. Zum Abschluss werden die „süßen Salze" wie der Zucker[44] in die Kategorie der Salze eingeordnet, was für uns heutzutage recht ungewöhnlich erscheint. Thölde schränkt anschließend ein, dass er sich in seinem Buch nur mit den mit den mineralischen Salzen beschäftigen will.

Die Besprechung der einzelnen mineralischen Salze erfolgt im dritten Kapitel unter dem Titel „Von art und eigenschafft eines jeden Saltzes." Zunächst wird eine Gemeinsamkeit aller Salze besprochen, die auf ihre Zusammensetzung hinweist: „Alle Saltze haben einen durchdringenden scharffen Spiritum, welcher von Natur geneiget ist / alle harte dinge zu resolvieren und auffzuschließen / doch eines besser alß das andere"[45]. Ohne weiter darauf einzugehen wird auf die Gemeinsamkeit der Stoffklasse hingewiesen, dass die Salze durch Erhitzen eine Säure freisetzen können. Thölde beschreibt, dass aus den verschiedenen Salzen unterschiedlich starke Säuren erhalten werden.

Als erstes Salz wird natürlicherweise das Kochsalz besprochen, das nach Thölde einen edleren und subtileren Geist beinhaltet als die anderen Salze,[46] womit er eine gewisse Sonderstellung erzeugt. Als Untersuchungsmethode, die dann für alle Salze verallgemeinert wird, verweist er auf die trockene Destillation.[47] Durch diese werden die drei im Kochsalz enthaltenen Prinzipien des Paracelsus separiert, als da sind: „seine Mercurialische Substanz", ein „wohlriechender lieblicher Balsam" und die „irdische form des saltzes"[48]. Abschließend werden einige medizinische Anwendungen von Medikamenten aufgeführt, die aus der erhaltenen Salzsäure hergestellt werden können.

Als zweites „Salzgeschlecht" wird der Salpeter angeführt, der in dreierlei Form angetroffen wird: „der gemeine irrdische Salpeter", der „Maur-Salpeter" und der „Salniter / so an den Steinfelsen wechst".[49] Von den dreien wird aber nur der erste

---

42 Ebd.
43 Ebd.
44 Ebd.
45 Ebd. S. 56.
46 Ebd. S. 57.
47 Ebd.: „Die erforschung und außgründung aller Tugenden / so in den Salien tieff verborgen stecken / wird durch die Distillation offenbahret."
48 Ebd. S. 58.
49 Ebd. S. 59.

weiter detailliert. Sein Geist wird als höllisch stark und von roter Farbe beschrieben, was darauf zurückgeführt wird, dass er das meiste bei seiner Geburt von der Sonne mitbekommen hat. Die Stärke der hergestellten Säure bewundert Thölde, da sie viele Metalle angreift und auflösen kann.[50] In Bezug auf medizinische Anwendungen verweist er auf den vierten Teil des Buches.

Als nächstes Salz wird der Alaun behandelt. Er kann durch seine Wasserlöslichkeit aus den natürlichen Vorkommen extrahiert und in Bleipfannen eingedampft werden. Man kann aus ihm eine Säure erhalten, die sehr „hitzig" und „austrocknend" ist. Je nach dem Ort seines Vorkommens werden verschiedene Alaunarten genannt. Besonders wird seine Anwendung durch Barbiere und Wundärzte gelobt, während davon abgeraten wird, ihn zur Würzung von Speisen zu verwenden.[51]

Der Abschnitt über das Vitriol beginnt mit der großen Schärfe der daraus entstehenden Säure, die insbesondere Tücher angreift und „Eysen zu Kupffer machet"[52]. Thölde weiß, dass sowohl das Vitriol wie auch der zugehörige Geist den stofflichen Schwefel enthalten, was bei anderen Salzen nicht der Fall ist.[53] Das besondere am Vitriol ist, dass es in verschiedenen Farben auftreten kann.[54]

Eine Besonderheit wird dem „Sal Alkali" zugesprochen, das aber kein eigentliches Salz sein soll, da es eine andere Zusammensetzung aufweist. Thölde beschreibt, dass einer seiner Hauptbestandteile aus Kochsalz, Asche und Kalk zusammengesetzt wäre[55] und, dass es nur zufällig im Zusammenhang mit den Salzen beschrieben würde.

Das Steinsalz wird in einem eigenen, separaten Abschnitt besprochen. Seine Eigenschaften und auch die daraus erhaltene Säure sind dem normalen Kochsalz ähnlich. Es wird aber auf Grund seiner Herkunft davon unterschieden.[56] Darauf folgend erwähnt Thölde das „Salarmoniack"[57], das aber wiederum kein eigentliches Salz ist, da es sich um ein „Compositu[m]" handelt. Im Weiteren bezeichnet Thölde es aber als Salz und beschreibt, dass es flüchtig und sehr korrosiv ist. Die daraus entstehende Säure greift Metalle stärker an, als die anderen Säuren, die

---

50 Ebd. S. 60.
51 Ebd. S. 60–62.
52 Ebd. S. 63.
53 Ebd.: „Dieses Saltz führet einen brennenden Schwebel mit sich / das andere Salia nicht thun."
54 Ebd.
55 Ebd. S. 65.
56 Ebd. S. 66 f.
57 Anm.: Salmiak.

man aus Salzen gewinnen kann.[58] In mehreren Abschnitten bespricht Thölde einige weitere Substanzen, die er zu den Salzen rechnet. Es handelt sich dabei um verschiedene Mineralien, wie Borax oder eine Asbestart und andere wie „Elebrot" und „Indianisches Salz"[59], die nicht so einfach zugeordnet werden können. Im kurzen vierten Kapitel weist Thölde sehr gedrängt auf die Bedeutung der Salze für die Lebensvorgänge bei Mensch und Tier hin.

Thölde folgt der „tria prima" Lehre von Paracelsus und betont darin insbesondere den Charakter der Prinzipien als Samen. Er nutzt den Geschmack als einheitliches Kriterium für alle Salze und findet eine Differenzierung an Hand seiner Art. Er beschreibt, dass alle Salze in ihrer Zusammensetzung einen Säurerest aufweisen und unterscheidet die verschiedenen Salze an Hand der Stärke der daraus gewonnenen Säure. Als Untersuchungs- und Identifizierungsmethode benutzt er die trockene Destillation. Wenn auch noch nicht zur Klassifizierung genutzt, taucht bereits bei Thölde das Kriterium der chemischen Zusammensetzung auf.

5.3 Johann Rudolph Glauber: Tractatus de natura salium

Glaubersalz – noch heutzutage ist das nach Johann Rudolph Glauber (1604–1670) benannte Salz bekannt und wird als recht starkes Abführmittel genutzt. Johann Rudolph Glauber wurde 1604 im unterfränkischen Karlstadt geboren, über seine Jugend und seine erste Ausbildung ist wenig bekannt. Er hat nie die Universität besucht; wahrscheinlich hat er nach dem Besuch der örtlichen Lateinschule zunächst eine Lehre in einer Apotheke gemacht. Unruhige Wanderjahre in der Zeit des Dreißigjährigen Krieges führten ihn quer durch Österreich und Deutschland, bevor er sich erstmals in Amsterdam niederließ. Nach wenigen Jahren begab er sich jedoch wiederum auf Reisen und lebte in mehreren Orten Deutschlands bevor er nach Amsterdam zurückkehrte und in seinem Haus ein Laboratorium zur Herstellung chemischer Präparate für Medizin und Handwerk einrichtete. Der wirtschaftliche Niedergang am Ende des Dreißigjährigen Krieges führte jedoch auch Glauber in die Zahlungsunfähigkeit. Er floh aus Amsterdam und hielt sich an mehreren Orten in Deutschland auf, wo er weiterhin Präparate herstellte, sich aber auch einige Zeit erfolgreich der Weinherstellung und „Weinverbesserung" in seiner fränkischen Heimat widmete. Um 1654 verließ er Deutschland, um sich

---

58 (Thölde 1992, S. 66–68).
59 Ebd. S. 69.

abermals nach Amsterdam zu begeben, wo er wiederum ein Labor eröffnete. Nach einer sehr erfolgreichen Zeit als Geschäftsmann begann jedoch ein weiterer wirtschaftlicher Niedergang und Glauber musste sein Labor und seine Geräte Stück für Stück veräußern. Glauber starb 1670 in Amsterdam.[60]

Das Urteil über Glauber war in der Wissenschaftsgeschichte umstritten, da er immer Gefahr lief, als Produzent und Händler und nicht als Wissenschaftler angesehen zu werden.[61] Einerseits wurde er in vergangener Zeit als „Scharlatan" bezeichnet[62], andererseits ein hohes Loblied auf ihn gesungen[63]. Ganz im Sinne von Paracelsus gehörte Glauber zu den Praktikern, die versuchten, ihre wissenschaftliche Erkenntnis durch die Praxis zu begründen.[64] Unumstritten sind seine Leistungen in der angewandten Chemie, durch die er zu einem maßgeblichen Vorläufer der technischen Chemie geworden ist. Für seinen Erfindergeist wurde er sogar posthum im Jahre 1966 mit der „Rudolf-Diesel-Medaille" geehrt.[65]

Glauber war nicht nur in der Herstellung von chemischen Präparaten äußerst produktiv, er hinterließ auch eine Vielzahl von Schriften über die Chemie. Diese dienten natürlich nicht nur wissenschaftlichen Zwecken, sondern auch der Vermarktung seiner Produkte.[66] Der Umfang seiner Werke ist dabei unter anderem seinem wortreichen und langatmigen Schreibstil zuzuordnen, der die Klarheit seiner Darlegungen nicht erhöht.[67] Sein „Tractatus de natura salium" trägt den Untertitel: „Oder Außfürliche Beschreibung / deren bekanten Salien, unterscheiden Natur, Eigenschafft / und Gebrauch / und absonderlich von Einem / der Welt noch ganz umbekantem wunderliche Saltze / dadurch alle verbrenliche Vegetabilische / Animalische und Mineralische Subjecta, ohne abgang ihres gewichts / noch veränderung dehren Formen / und Gestalten / in harte unverbrenliche Corper zuverwandlen. Neben Gründlichem beweiß / daß das Saltz (negst GOtt / und hülffe der Sonnen) der einige Anfang / oder Uhrsprung / wie auch fortpflantzung / und

---

60 (Gugel 1955, Kap. „Glaubers Leben").
61 (Smith 2004, S. 173).
62 (Adelung 1787, S. 161): „43. Johann Rudolph Glauber, ein Charlatan."
63 (Gugel 1955, S. 7): „Er ist nicht nur bemerkenswert als großer praktischer Chemiker, als Erfinder, als Vorläufer der chemischen Industrie, kurz: als Wegbereiter der modernen, insbesondere auch der organischen Chemie, sondern – viel umfassender – als der ‚Paracelsus des 17. Jahrhunderts', wie er schon im 18. Jahrhundert genannt worden ist."
64 (Smith 2004, S. 171).
65 (Werthmann 2010, S. 1).
66 Vgl. (Smith 2004, S. 166).
67 Vgl. (Partington 1998, Band 2, S. 343).

vermehrung aller dingen / und der grösseste Irdische Schatz / und Reichthumb der Welt auß Ihme zu bringen."[68]

Ganz Geschäftsmann beginnt Glauber den Bericht über die Salze in der Vorrede an den „Günstigen Leser" mit einer Aufzählung seiner bisher veröffentlichten Schriften und ihrer Wichtigkeit. Er fährt fort mit der Bedeutung des Kochsalzes zur Würzung der Speisen, „daß man keine Speisen ohne Saltz auff den Tisch setzen sollte"[69]. Er vertritt die Lehre von der Entstehung und dem Wachsen der Metalle und Mineralien in der Erde, sieht die Entstehung des Salzes aber allein im Meer. Für die anschließende Verbreitung über die ganze Erde zieht er einen Makrokosmos – Mikrokosmos Vergleich mit dem Blutkreislauf. Anschließend legt er das Programm für die nachfolgende Schrift dar: „Dem Titul nun gemees zu beweisen / daß kein grösser Schatz / alß das von jederman kändtliche / gemeine / und verächtliche Saltz / zufinden / in welchem alles leben / und wachsthumb / auch fortpflanzung / und erhaltung aller Geschöpffen Gottes bestehet / ja daß es der Anfang / und das Ende aller dingen sey."[70]

Den ersten Hauptteil des Buches „Von Natur des Saltzes" beginnt Glauber mit der Bedeutung des Kochsalzes in der Bibel. Er zitiert eine Reihe von Bibelstellen, in denen das Salz erwähnt wird und wagt eigene Auslegungen.[71] Unterbrochen wird diese theologische Betrachtung an wenigen Stellen durch einen Rückblick auf alchemistische Traditionen. Unter Berufung auf Hermes Trismegistus werden „Salz" und „Feuer" als Einheit betrachtet.[72]

Alchemistische Tradition und paracelsische Prinzipienlehre werden auf den nächsten Seiten zu einer Einheit verwoben. Die Lehre von den „tria prima" wird allerdings in einem Punkt abgeändert, wenn Quecksilber als normales Metall bezeichnet wird und das „Wasser" seine Stelle als Prinzip einnimmt.[73] Da alles aus den drei Prinzipien geboren wird, können auch alle Stoffe wieder in ihre „prima materia"

---

68 (Glauber 1658).
69 Ebd. S. 5.
70 Ebd. S. 11 f.
71 Ebd. S. 14: Lucas 14.34, Marcus 9.50, Lucas 18.19.
72 Ebd. S. 17: „Dann Fewr hat das Saltz gewircket / das Saltz wird wieder zu Fewr / und das Fewr zu Saltz / also / daß immer eines sich in das ander verwandeln läst / wenn mans verstehet."
73 Ebd. S. 28: „Noch klärer zugeben / so müste man dieses wissen / daß der Vegetabilien principa seyn / Wasser / Saltz und Sulphur / aus welchem die Metallen auch herkommen / und gar nicht aus dem lauffende Mercurio Vivo, wie ihrer viele meinen / sondern solcher Mercurius besonder Metall ist / und eben aus solchen tribus principiis gebohren / als andere Metallen und Vegetabilien, nemblich auch aus Wasser / Saltz / und Schwebel / welche bey Anatomirung derselben gefunden werden."

zurückgeführt und anschließend verwandelt werden. Diese Stoffumwandlungen werden mit heutzutage seltsam anmutenden Beweisen belegt, wie den Wundern des Hl. Johannes, der Gold aus Holz und Edelsteine aus normalen Steinen gemacht haben soll.[74] Glauber meint, dass die „prima materia" einerseits durch „Feuer" und „Salz" bereitet werden kann, andererseits stellt er sie auch als Endprodukt der Verdauung dar.[75] Nach seiner Auffassung kommt bei allen Transmutationsprozessen dem „Salz" eine überragende Bedeutung zu, „Salz" wird als Anfang und Ende aller Dinge gesehen.[76] Das „Salz" wird als Symbol für die Ewigkeit bezeichnet, im Gegensatz zum „Schwefel", der den Tod verheißt.[77] „Salz" steht für Verstand und Weisheit aber auch für die Fruchtbarkeit aller Lebewesen.

Die Bedeutung des Salzes zur Würzung der Speisen wird an mehreren Stellen betont, es wird aber auch zur Düngung der Felder empfohlen und als der wirksame Bestandteil des Tiermists bezeichnet. Eine besondere Rolle soll ein Salz in der Bereitung des „aurum potabile" spielen, eines Heilmittels, das gegen jede Krankheit sowie gegen das Altern hilft.[78] An dieser Stelle muss allerdings nochmals auf die weitschweifige und unklare Ausdrucksweise Glaubers hingewiesen werden. Wenn er im bisher besprochenen Teil des ersten Kapitels von „Saltz" spricht, ist in den meisten Fällen natürliches Kochsalz gemeint, das oft aber auch in den Rang eines Prinzips erhoben wird. Der Gebrauch des Begriffs ist nicht immer einheitlich und eindeutig, „Saltz" kann für andere Einzelstoffe oder eine, wie auch immer geartete, Stoffgruppe stehen.[79]

Glauber ist der Auffasung, dass das Kochsalz die einzige und reine Ursubstanz ist, aus der alle anderen Salze durch Mischung mit den anderen Prinzipien oder weiteren Verunreinigungen entstehen. Er entwickelt hier einen neuen Gesichtspunkt.

---

74 Ebd. S. 25.
75 Ebd. S. 30 f.
76 Ebd. S. 44: „Das Saltz ist bey der Schöpffung GOttes das erste Fiat gewesen / und auß dem Fiat sind hernach die Elementa entstanden / darumb das Saltz von den Philosophis ein Centrum Concentratum Elementorum genennt wird / und wie es das allererste gewesen / also wirds auch das allerletzte seyn und bleiben."
77 Ebd. S. 43.
78 Ebd. S. 52–60.
79 Ebd. S. 61 f.: „Wann nun jemand fragen wolte / von was für einem Saltz ich rede / dieweil vielerley Art des Saltzes zu finden? Deme Antworte ich / daß von dem allgemeinen bekanten Saltze / wie es aus dem See=Wasser oder gesaltzenen Brunnen / Wasser gesotten / oder wie es aus dem Gebirge außgegraben / und zur Haußhaltung verbraucht wird; Ein solch bekandt Saltz wird alhier der allgemeine Schatz und Reichthumb von mir genennet."

Die Betonung liegt nicht mehr auf der Ansicht, dass die wirkenden Prinzipien in den verschiedenen Stoffen von unterschiedlicher Art oder Stärke sind. Es wird vielmehr ein quantitativ aufzufassendes Mischungsprinzip und nicht die qualitative Wirkung propagiert. Als besondere Eigenschaften des gereinigten Kochsalzes, die aber an dieser Stelle nicht auf die anderen Salze ausgedehnt werden, beschreibt Glauber das Kristallisationsverhalten und die Durchsichtigkeit der Kristalle.[80]

Vitriol und Alaun werden auch als Salze bezeichnet, sind aber nicht einfacher Natur, da sie mit einer „irdischen Qualität" behaftet sind. Auch der Salpeter wird als zusammengesetzt bezeichnet.[81] Im gleichen Abschnitt werden anschließend die „Alcalia" besprochen, die aus der Asche von verbranntem Holz extrahiert werden, und das „Sal Armoniacum", das aus Urin gewonnen werden kann. Neben der Gewinnung der Salze wird auch einiges über ihren Gebrauch berichtet.[82]

Am Ende des ersten, allgemeinen Kapitels über die Salze leitet Glauber dann über zum zweiten, in dem er über sein „Sal mirabile" schreibt, das er fälschlicherweise mit dem „Sal enixum" Paracelsus gleichsetzt.[83] Er stellt es aus Kochsalz und Schwefelsäure her und schreibt ihm wundersame Eigenschaften zu; ja er betrachtet es als Allheilmittel für den „Eusserlichen und innerlichen Gebrauch"[84] Anschließend beschreibt er Herstellung und Eigenschaften des „Sal Mirabile" sowie Reaktionen mit anderen Stoffen. Glauber lässt es dabei einerseits an der nötigen Genauigkeit fehlen, um seine Erfindung selbst wirtschaftlich auszuwerten und eine Nachahmung zu erschweren. Andererseits darf er nicht zu unpräzise werden, damit nicht der Verdacht aufkommt, er sei gar nicht im Besitz der Wundersubstanz. Crosland nennt diese Art der Beschreibung „dispersion" und sieht sie als kennzeichnend für die alchemistische Literatur an.[85]

Zusammenfassend kann man Glauber als Anhänger der „tria prima" Lehre von Paracelsus betrachten. Allerdings verändert er sie gravierend, wenn er „Quecksilber" durch „Wasser" ersetzt und das Kochsalz als Grundlage aller Dinge einführt. Obwohl er genau wie Paracelsus sehr ausschweifend und unklar formuliert, scheinen Glaubers Prinzipien weniger mystisch und

---

80   Ebd. S. 66: „ist so lieblich / hell und klar als ein Chrystall / seine Körner viereckicht angeschossen / wie Würffel / so artig / als wann sie mit einem Circul abgezeichnet weren"
81   Ebd. S 63.
82   Ebd. S. 63–65.
83   (Hahnemann 1793–1799): „Sal mirabile" = Glaubersalz = Natriumsulfat, „Sal enixum" = „Vitriolweinstein.
84   (Glauber 1658, S. 81).
85   (Crosland 2004, S. 39).

immateriell als vielmehr konkret stofflich zu sein. Ihre Wirkung entspricht eher ihrer quantitativen Menge als ihrer qualitativen Art und Weise. Des Weiteren beschreibt er in dem betrachteten Buch eine Gruppe von Substanzen als Salze, für die er als gemeinsames Kriterium die Entstehung aus dem Kochsalz definiert. Eine weitere Klassifizierung, wie das Kristallisationsverhalten und die Durchsichtigkeit, werden nur angerissen. Glauber muss aber als profunder Kenner vieler Salze und ihrer Herstellung gesehen werden, da er viele Mineralsäuren dargestellt und sie zu Salzen umgesetzt hat.[86] Ob die Behauptung Partingtons allerdings zutrifft, dass er bereits erkannt hat, dass sie aus einem Säure- und einem Basenanteil bestehen[87], kann allein auf der Grundlage dieses Buches nicht entschieden werden.

5.4 Nicolas Le Fèvre: Neuvermehrter chymischer Handleiter

Nicolas Le Fèvre (1610/1615–1669/1674), in der Literatur auch als Nicaise (Nicasius) Le Febvre oder Le Febure bekannt, wurde in Sedan geboren und erhielt in der Apotheke seines Vaters eine erste Ausbildung. Anschließend besuchte er die dortige Universität und machte den Abschluss als Apotheker. Er ging dann nach Paris und war von 1652 bis 1660 „demonstrateur"[88] am „Jardin du Roi", hat aber anscheinend schon im Jahre 1647 dort Vorlesungen gehalten.[89] Zunächst als botanischer Garten für Arzneipflanzen gegründet, wurde der „Jardin du Roi" zu dieser Zeit auf Initiative des Finanzministers Ludwigs XIV., Jean-Baptiste Colbert, zu einer der ersten frühneuzeitlichen wissenschaftlichen Forschungsstätte für Botanik, Chemie und Anatomie ausgebaut. Unter Le Fèvre's Schülern waren viele englische royalistische Emigranten, die während des Bürgerkriegs und in der Zeit des Protektorats unter Oliver Cromwell aus ihrer Heimat geflüchtet waren. Es ist also nicht verwunderlich, dass er nach der Restauration im Jahre 1660 einen Ruf an den Hof des englischen Königs Karl II. annahm. Er bekam sein eigenes Labor

---

86 Vgl. (Debus 2002, S. 426).
87 (Partington 1998, Band 2, S. 353).
88 Anm.: „Demonstrateur" wurde die zweite Professur für Chemie am „Jardin du Roi" genannt.
89 (Partington 1998, Band 3, S. 17).

in St. James Palace, das er mit Gegenständen aus Frankreich einrichtete, und er wurde 1661 Mitglied der Royal Society.[90]

Le Fèvre's bekanntestes Buch, „Traicté de la Chymie" erschien 1660 und ist lange Zeit wenig gewürdigt worden.[91] Es wird allerdings von Ferchl als „das beste Chemielehrbuch seiner Zeit"[92] bezeichnet, und Hannaway schreibt: „This work has a pivotal position in the series of French chemical teaching manuals of the seventeenth century."[93] Es ist sowohl ins Englische wie auch ins Deutsche übersetzt worden und gewinnt seine Bedeutung durch die klare und systematische Darstellung. Grundlage dieser Arbeit ist die deutsche Übersetzung und erweiterte Ausgabe durch Johann Hiskias Cardilucius aus dem Jahre 1685.[94]

Ganz in neuplatonischer Tradition beginnt Le Fèvre mit dem „Spiritus Universalis" als Ursprung und Wurzel aller Dinge.[95] Dieser immaterielle „Natur-Universal-Geist" kann nach der jeweiligen Idee zu den verschiedensten Dingen in der Natur „specificiret und corporificiret" werden.[96] Er ist der Anfang aller natürlichen Dinge und damit auch ihrer ersten Grundbestandteile, der Prinzipien und Elemente. Der Natur wird bei diesem Prozess der Charakter einer Werkstatt zugesprochen.

Die „Chymische Kunst" besteht nach Le Fèvre in der Zerlegung der zusammengesetzten Stoffe in fünf gleichförmige, das heißt mit chemischen Mitteln nicht mehr weiter teilbare, selbständige Grundstoffe.[97] Diese fünf Prinzipien sind: „das phlegma oder Wasser / der spiritus, Geist oder mercurius, der sulphur, Schwefel oder das Oel / das Saltz / und die terrestrität / oder Erde."[98] Die paracelsische Lehre der „tria prima" wird durch „Wasser" und „Erde" erweitert. Wann die drei Prinzipien auf fünf erweitert wurden, ist in der Literatur umstritten. Es werden mehrere französische Autoren erwähnt, die um 1620 die zwei aristotelischen Elemente „Wasser" und „Erde" den Prinzipien hinzufügen.

---

90 (Hannaway 2008).
91 (Partington 1998, S. 19).
92 (Ferchl 1984, S. 304).
93 (Hannaway 2008).
94 (Le Febure 1685).
95 Ebd. S. 1.
96 Ebd. S. 7 f.
97 Ebd. S. 10 f.: „Nachdem aber die Chymische Kunst in dem Composito gearbeitet / findet sie in der letzten Resolution fünfferley Substantias, oder selbständige Wesen / welche sie vor Principia und Elementa annimmt / und auf solche ihre Wissenschaft bauet / weil sie in diesen fünfferley Wesen nichts findet / so nicht gleichförmig wäre."
98 Ebd. S.11.

Multhauf schreibt diese Erweiterung Jean Beguin (1550–1620) zu[99], während Partington in eindeutiger Art und Weise Sebastian Basso (~1573–?) benennt.[100] Metzger erwähnt fünf Prinzipien zuerst bei Etienne de Clave (~1580 – ~1640),[101] und Lasswitz differenziert die Beiträge von Basso und de Clave.[102] Demgegenüber wird von Hooykaas aber auch eine Vordatierung auf das Jahr 1584 diskutiert.[103]

War bei Paracelsus die Beschreibung der Verbrennung die hauptsächliche Grundlage seines theoretischen Gedankengebäudes, so muss bei den fünf Prinzipien nunmehr an Destillationsvorgänge gedacht werden. Bei diesen konnten drei verschiedene Klassen flüchtiger Stoffe beobachtet werden, ein leichtflüchtiges „Wasser", ein mittelflüchtiger „Spiritus", der bei einigen „vegetabilischen" Substanzen allerdings zuerst übergeht und ein schwerflüchtiges „Öl". Als feste Rückstande bei der Destillation verbleiben die wasserlöslichen „Salze" und die „Erde".

In paracelsischer Tradition macht Le Fèvre einen Unterschied zwischen den Prinzipien und den Stoffen gleichen Namens.[104] Paracelsus beschreibt seine „tria prima" als wirkende Prinzipien und führt sie zur Erklärung der Eigenschaften der natürlichen Körper an. Demgegenüber versieht Le Fèvre die fünf Prinzipien zusätzlich mit einem Katalog stofflicher Eigenschaften. Im Gegensatz zu den flüssigen „Wasser", „Geist" und „Schwefel" sei das „Salz" neben der „Erde" fest. Es härte in der richtigen Menge die Mineralien, worunter er auch die Metalle zählt, zerstöre sie aber im Überschuss. Er beschreibt, dass es feuerbeständig und wasserlöslich ist, ohne Veränderung aufbewahrt werden kann und keinem Fäulnisprozess unterliegt. Die konservierende Wirkung wird neben dem Geschmack für die wichtigste Eigenschaft gehalten. Le Fèvre erwähnt einen weiteren wichtigen Befund, die Hygroskopizität: das „Saltz zergehet leicht im Feuchten"[105]. Außerdem soll es

---

99 (Multhauf 1967, S. 276).
100 (Partington 1998, Band 3, S. 7).
101 (Metzger 1923, S. 55).
102 (Lasswitz 2010, S. 339).
103 (Hooykaas 1937).
104 (Le Febure 1685, S. 20): „Derohalben für das anfängliche phlegma nicht pituita, oder die dünne wässerige Feuchtigkeit / welche sonst bey der phlegmatischen complexion auch also gennenet wird / noch durch den Namen mercurius gemeines Quecksilber / und eben so wenig durch den sulphur, Schwefel / aus welchem mit Zusetzung des Salpeters Büchsen-Pulver gemacht wird / auch nicht durch das sal das Salz / so auf den Tisch zur Speise gesetzt wird / und noch viel weniger für die Erde ein armenischer bolus, oder terra sigillata, das ist / gesiegelte Erde soll verstanden werden; weil alle diese Dinge corpora composita seynd / und zwar aus eben den principiis, welche wir mit diesem Namen benennen / bestehen."
105 Ebd. S. 26 f.

nicht nur als Dünger die Erde fruchtbar machen können, sondern auch der Nahrung der Tiere beigegeben werden, um angeblich ihre Fruchtbarkeit zu erhöhen.

In der Nachfolge Glaubers beschreibt Le Fèvre noch ein weiteres „Salz" als Ursprung aller Dinge und als Grundbaustein der anderen Prinzipien. Er weist dabei auf die Möglichkeit zur Verwechselung der unterschiedlichen Wortbedeutungen hin. Er schreibt: „daß ein gewisses innerstes Saltz gefunden wird / so die Wurtzel aller Dinge / und der erste Leib ist / mit welchem sich der Universal-Geist bekleidet / dieses hält die anderen Principia in sich / und ist von etlichen das hermetische Saltz genannt worden."[106]

Nach den Prinzipien und den Elementen bespricht Le Fèvre die theoretischen Grundlagen der zusammengesetzten Stoffe, beschränkt sich an dieser Stelle allerdings auf das Mineralreich. Die Stoffklasse der Salze wird zu den „Mittel-Mineralien oder Marcasiten[107]" gezählt. Als Beispiele für das „Geschlecht der Salien" werden Kochsalz, Salmiak, Salpeter, Alaun und Vitriol genannt.[108] Zu ihrer Reinigung wird das Umkristallisieren empfohlen, dem eine Klärung der Lösung durch „Herd-Asche" vorangehen kann.[109] Die flüchtigen Salze werden durch die Sublimation abgetrennt. Der theoretische Teil des Buches schließt mit Erläuterungen über reine und zusammengesetzte Stoffe, Begriffsklärung chemischer Fachausdrücke und der Beschreibung chemischer Operationen.

Der ausführliche praktische Teil des Buches, der neben der Herstellung auch die pharmazeutische Wirkung von Substanzen erläutert, ist in die drei Reiche der Natur gegliedert. Salze werden in allen drei Reichen beschrieben. Le Fèvre beginnt mit den Animalien, hier werden vier Salze angeführt: das „Sal volatile Urinae" aus dem Harn, sowohl ein „flüchtiges" als auch ein „fixes" Salz aus dem Blut und ein „trockenes Salz" aus dem Blasenstein.[110] Des Weiteren sollen Salze aus menschlichen Knochen, Hirschhorn und Schlangen erhalten werden können.

Die Salze aus den Vegetabilien bespricht Le Fèvre in allgemeiner Form, da es die Vielzahl der Pflanzen und Pflanzenteile seiner Meinung nach nicht zulässt, alles im Einzelnen zu erörtern. Die direkt aus den Pflanzen gewonnenen Salze werden als „salia essentialia" bezeichnet. Le Fèvre beschreibt die Flüchtigkeit dieser Salze und dass sie sich je nach ihrer Herkunft aus Wurzeln, Blüten oder Samen sowie Blättern oder Stengeln unterscheiden sollen. Er führt aus, dass man aus den

---

106 Ebd. S. 27.
107 Anm.: Mit Markasit wird heutzutage das Mineral Schwefelkies bezeichnet.
108 (Le Febure 1685, S. 81).
109 Ebd. S. 141.
110 Ebd. S. 188–197.

Aschen verbrannter Pflanzen demgegenüber die fixen Salze erhält. Sie würden durch das Auslaugen der Aschen erhalten. Sowohl die flüchtigen wie auch die fixen Salze reinigt er durch Umkristallisieren.[111] Einige spezielle vegetabilische Salze werden im Folgenden in den Kapiteln über Wein und Essig speziell besprochen. Es handelt sich dabei um das Sal tartaris aus dem Wein und diejenigen Salze, die aus dem Essig isoliert werden können. Die Salze werden rein dargestellt und in einige Folgeprodukte (tartarus martiali, tartarus vitriolatus, tartarus purgativum und tartarus regeneratus) umgewandelt.[112]

Le Fèvre unterteilt das Mineralreich in fünf Gruppen von Stoffen: die „Erden" (Tonerden, Kreide usw.), die „Steine" (Edelsteine und unedle Steine), die „Metalle", die „Saltze" und die „schweflichten Mixta" (Schwefel, Arsenik, Auripigment usw.).[113] Das Kapitel über die Salze beginnt er mit einer Definition für die Stoffklasse, welche die Wasserlöslichkeit und das Kristallisationsvermögen zur Grundlage hat: „Wir können insgemein sagen / daß die Saltze nichts anders seynd / als Mineralien / die im Wasser zergehen / und nach der Abdämpffung desselben wieder zu einem Saltz können crystallisiret werden."[114] Anschließend werden als Beispiele einige Salzarten aufgezählt: das Kochsalz, das vom Steinsalz unterschieden wird, der Alaun, der Salpeter, das Vitriol und der Salmiak.[115]

Bei allen Salzen wird nach der Wasserlöslichkeit anschließend der Geschmack als Charakteristikum genannt, wobei die einzelnen Salze sehr wohl unterschieden werden als salzig, bitter, sauer, herb, scharf und „böse". Auf eine mögliche Hygroskopizität wird nicht besonders hingewiesen. Anschließend wird die Kristallbildung besprochen und die einzelnen Kristallformen erörtert. Le Fèvre reinigt die Salze durch Umkristallisieren und beim Salmiak zusätzlich durch Sublimation. Zwei wichtige chemische Operationen werden für alle Salze ausführlich besprochen: das „Calcinieren" und das „Destillieren". Sowohl die festen Rückstände wie auch die entstehenden Mineralsäuren werden detailliert besprochen. Aus allen Ausgangsprodukten und allen Endprodukten werden pharmazeutische Mittel hergestellt und deren medizinische Anwendungen beschrieben.

Zusammenfassend lassen sich die folgenden Hauptpunkte in Le Fèvres „Neuvermehrtem chymischen Handleiter" erkennen:

---

111 Ebd. S. 237–255.
112 Ebd. S. 480–524.
113 Ebd. S. 596–600.
114 Ebd. S. 929.
115 Ebd. S. 930.

1. Le Fèvre folgt Glauber in der Auffassung, dass ein „innerstes Salz" als Ursprung aller stofflichen Dinge existiert.
2. Die „tria prima" Lehre von Paracelsus ist auf fünf Prinzipien erweitert, was eine bessere Beschreibung von Destillationsvorgängen ermöglicht.
3. Die fünf Prinzipien werden von den Stoffen gleichen Namens unterschieden. Im Gegensatz zu den Wirkprinzipien von Paracelsus werden sie jedoch nicht nur durch ihre Wirkung sondern zusätzlich durch einen Katalog stofflicher Eigenschaften charakterisiert.
4. Die fünf Prinzipien werden als „gleichförmige selbständige Wesen" bezeichnet, die mit chemischen Mitteln nicht mehr zu teilen sind. Die Verleihung von Eigenschaften steht zwar im Vordergrund, daneben tritt aber ein Elementcharakter, wie ihn mehr als einhundert Jahre später Lavoisier (1743–1794) definiert hat.
5. Als Kriterien für alle Einzelstoffe, die unter der Bezeichnung Salze zusammengefasst werden können, beschreibt Le Fèvre die Wasserlöslichkeit, den Geschmack und die Kristallbildung.
6. Le Fèvre erkennt eine weitere Gemeinsamkeit für die Stoffklasse. Alle Salze bilden bei starkem Erhitzen eine Säure. Das Ergebnis eines operativen chemischen Prozesses wird zu einer weiteren Grundlage für die Definition.

5.5 Nicolas Lémery: Cours de Chymie

Nicolas Lémery wurde als Sohn protestantischer Eltern dänischer Abstammung 1645 in Rouen geboren. Seine erste Ausbildung erhielt er dort in der Apotheke seines Onkels. Anschließend begab er sich 1666 auf eine „tour de France"[116]. Er hielt sich zwei Jahre in Paris auf und hörte eine nicht klar belegte Zeit[117] die Vorlesungen von Christophe Glaser (1629– ~1672), der zu dieser Zeit „demonstrateur" am Jardin du Roi war. Die nächste Station seiner Reise war dann Montpellier, damals neben Paris das berühmteste Zentrum für Pharmazie und Chemie in Frankreich. Anschließend ging er zurück nach Paris an den Hof und in das Laboratorium des Prinzen von Condé, nach der Königsfamilie die zweitbedeutendste Adelsfamilie Frankreichs. Auf Grund seiner profunden pharmazeutischen Kenntnisse und Erfolge konnte er sein eigenes Labor einrichten und im Jahr 1674 den Titel eines

---

116 (Bougard 1999, S. 24).
117 Ebd. S. 24 f.

„Marchand Apoticaire Privilégié du Roy" kaufen.[118] In seinem Labor begann er, Vorlesungen abzuhalten. Der erfolgreiche Lebenslauf erlitt jedoch erste Einschnitte durch die steigende religiöse Intoleranz in Frankreich. Lémery musste 1683 Labor und Titel aufgeben und verließ für kurze Zeit Frankreich. Er hielt sich jedoch nur wenige Monate am Hof des englischen Königs Karl II. auf und kehrte bald zurück. Die Aufhebung des Edikts von Nantes im Jahre 1685 bedeutete für ihn jedoch einen noch härteren Rückschlag: das Berufsverbot. Dies veranlasste Lémery zu konvertieren. Daraufhin wurde er 1686 von Ludwig XIV. in alte Rechte eingesetzt und konnte ein neues Labor in Paris eröffnen. Die Quellenlage für die nächsten Jahre im Leben Lémerys ist wenig eindeutig und erlaubt verschiedene Interpretationen.[119] Er findet jedoch weiterhin große Anerkennung und ihm wird 1699 der Titel eines „chimiste pensionnaire"[120] der „Académie Royale des Sciences" verliehen. In der Folgezeit bis zu seinem Tod 1715 hält er in diesem Rahmen viele Vorträge über verschiedene Themen aus der Chemie.

„Le *Cours de chymie* que Nicolas Lémery publia en 1675 eut un énorme succès: c'était, selon Fontenelle, « une science toute nouvelle qui paraissait au jour, et qui remuait la curiosité des esprits » [cité dans Duhem, 1902, p. 25], une science enfin débarrassée de toute référence à des qualités occultes, de tout jargon barbare et ténébreux."[121] Der „Cours de Chymie" von Nicolas Lémery (1645–1715) ist wohl das erfolgreichste Chemielehrbuch seiner Zeit. Es löst die Werke von Beguin, Le Fèvre, Glaser und Ettmüller ab.[122] Es besticht durch seine klare Sprache und seine präzisen Beschreibungen. Nach Crosland beginnt damit die Zeit klarer Formulierungen und das Ende alchemistischer Verworrenheit.[123] Das Lehrbuch wurde zu Lebzeiten des Autors elfmal aufgelegt und in alle damals relevanten Sprachen übersetzt.[124] Es ist in vielem auf Le Fèvre zurückzuführen,[125] unterscheidet sich aber gravierend durch die Tatsache, dass Lémery ein Anhänger der Korpuskularphilosophie ist. Nach Metzger ist die Zeit vor Lémery dadurch bestimmt, dass es keine Theorie in der Chemie gibt, die von allen Wissenschaftlern akzeptiert wird,

---

118 Ebd. S. 32.
119 Ebd. S. 55–58.
120 Anm.: Einer von 3 offiziell ernannten, älteren und verdienten Chemikern mit Pension.
121 (Bensaude-Vincent 1993, S. 48).
122 (Partington 1998, Band 3, S. 31).
123 (Crosland 2004, S. 62).
124 Anm.: Eine aus Sicht der heutigen Chemie kommentierte Fassung siehe: (Bourzat 2005).
125 (Partington 1998, Band 3, S. 31).

Metzger spricht sogar von „intellektueller Anarchie".[126] Lémery gelingt es durch seine Art des Atomismus, eine von allen akzeptierte Grundlage für ein Theoriegebäude in der Chemie zu schaffen.[127,128]

Wie Le Fèvre beginnt auch Lémery seine Ausführungen über die Prinzipien der Chemie mit dem „spiritus universalis". Er sieht darin jedoch nur eine vage Möglichkeit zur Erklärung der Entstehung der Dinge und bezeichnet ihn als metaphysisch und den Sinnesorganen nicht zugänglich. Deshalb möchte er sich lieber mit den wahrnehmbaren Prinzipien befassen.[129] An dieser Stelle wird bereits sehr deutlich, dass Lémerys Naturlehre die materiellen Dinge beschreibt und auf diesen aufgebaut ist, empirisch nicht überprüfbare Qualitäten und Prinzipien haben in ihr keinen Platz.

Auch Lémery beschreibt fünf Prinzipien, welche die Grundlage alles Stofflichen bilden sollen. Er unterscheidet zwischen den aktiven „Geist", „Öl" und „Salz" sowie den passiven „Wasser" und „Erde". Diesen Unterschied erklärt er auf korpuskulartheoretischer Grundlage. Er führt aus, dass der „Geist", der auch „Quecksilber" genannt wird, das erste aktive Prinzip ist und seine Teilchen leicht und mehr in Bewegung sind als die der anderen Prinzipien. Er ist der Grund für das Wachstum macht aber gleichzeitig anfällig für die Zersetzung.[130] Lémery beschreibt, dass das „Öl", welches auch „Schwefel" genannt wird, brennbar ist, und daneben eine milde, feine und ölige Wirkung besitzt. Es soll für Farben, Gerüche und Schönheit verantwortlich sein sowie für die Verformbarkeit, mit der es die anderen Prinzipien zusammenhält. Lémery meint, dass es die Poren der kleinsten Teilchen verschließt und auf diese Weise die ätzende Wirkung des „Salzes"

---

126 (Metzger 1923, S. 146): „En commençant l'exposé des doctrines chimiques émises au XVIIe siècle, nous avons tenté de montrer qu'aucune théorie dominante et incontestée n'imposait son autorité au groupe laborieux des chercheurs. Nous avons signalé qu'alors, – cause ou conséquence de cette anarchie intellectuelle remarquable, – chaque hypothèse scientifique, due à un savant professeur,"
127 Ebd. S. 424: „L'œuvre de Lémery que nous avons longuement étudiée a subi l'influence concordante des médecins, pharmaciens et métaphysiciens de la matière ; elle marque la prise de possession de la science chimique par une philosophie mécanique, absolument sûre d'elle-même,"
128 Anm.: Metzger und Crosland benutzen die Begriffe Alchemie und Chemie, wie sie sich seit dem 18. Jahrhundert eingebürgert haben. Zu einer differenzierteren Auffassung der zeitlichen und begrifflichen Trennung und der Rolle Lémerys dabei s. (Newman 1998).
129 (Lémery 1696, S. 3): „mais comme ce principe est un peu metaphysique, & qu'il ne tombe point sous les sens, il est bon d'en établir de sensibles : je rapporteray ceux dont on se sert communément."
130 Ebd.

verringert. Bei der Destillation steigt es nach dem „Quecksilber" auf.[131] Bei Lémery ist das „Salz" das schwerste der aktiven Prinzipien. Es soll durchdringend und ätzend sein und den Dingen ihre Konsistenz und Schwere geben. Es bewahrt vor Fäulnis und ist für den Geschmack verantwortlich. Das „Wasser", welches „Phlegma" genannt wird, erwähnt Lémery als das erste passive Prinzip. Er beschreibt, dass es je nach der Art des aktiven „Quecksilbers" bei der Destillation davor oder danach aufsteigt. Als Prinzip wird es als klarer und reinigender als natürliches Wasser bezeichnet. Es soll die Teilchen der anderen Prinzipien getrennt halten und ihre Bewegung zügeln. Die „Erde", die auch „Caput mortuum" genannt wird, wird als das zweite passive Prinzip beschrieben. Sie soll niemals rein erhalten werden können und beim Liegenlassen an der Luft sofort das „Quecksilber" anziehen.[132]

„Le nom de Principe en Chymie, ne doit pas estre pris dans une signification tout à fait exacte; car les substances qu'on appelle ainsi, ne sont Principes qu'à nostre égard & qu'entant que nous ne pouvons point aller plus avant dans la division des corps: mais on comprend bien que ces principes sont encore divisible en une infinité de parties, qui pourroient à plus juste titre estre appellez Principes. On n'entend donc par principes de Chymie que des substances separées & divisées autant que nos foibles efforts en sont capables"[133]. Dies ist die zentrale Stelle in Lémerys Lehrgebäude von den Prinzipien. Die chemischen Prinzipien sind keine grundlegenden, unteilbaren Größen, sondern von den Operationen der Chemiker abhängig. Es sind die letzten, durch chemische Operationen nicht mehr teilbaren Grundstoffe. Diese chemischen Prinzipien bestehen jedoch aus einer Unendlichkeit von Teilchen, die man eigentlich die wahren Prinzipien nennen müsste.[134] Lémery beschreibt zwar den Charakter der chemischen Prinzipien als wirkende, Eigenschaften verleihende Objekte, er scheint diese Theorie aber als veraltet zu betrachten und steht ihr skeptisch gegenüber.[135] Im gesamten Buch wird der Eindruck erzeugt, dass er nur die herrschende Lehre beschreiben will ohne sie voll und ganz zu vertreten. Die in den Stoffen wirkenden Kräfte der Prinzipien werden zur Erklärung von Naturvorgängen und Experimenten im weiteren Verlauf des Werks nur noch selten verwendet. Nicht mehr die Prinzipien bestimmen die Ei-

---

131 Ebd. S. 4
132 Ebd. S. 5.
133 Ebd. S. 5 f.
134 Anm.: Assoziationen an die heutigen Begriffe „Element" und „Atom" werden geweckt.
135 Vgl. (Metzger 1923, S. 314 f.): „les cinq principes ont déjà supporté de nombreuses attaques et Lémery, qui les défend avec quelque scepticisme, n'oppose aux objections de leurs ennemis que des arguments peu probants."

genschaften der Dinge sondern Form und Bewegung von Atomen. Die Prinzipien werden, wie bereits bei Le Fèvre angedeutet, das Ergebnis von chemischen Trennvorgängen und besitzen den Charakter von chemisch nicht mehr aufteilbaren Elementen: „Le sel est rabaissé au niveau de simple substance chimique"[136].

Lémery widerspricht anschließend dem Argument, dass die chemischen Prinzipien in den stofflichen Dingen nicht per se vorliegen, sondern erst durch das Feuer erzeugt werden.[137] Damit wendet er sich explizit gegen die Ansichten einer Reihe anderer Chemiker, unter ihnen Robert Boyle (1627–1692) und Johann Kunckel (~1638 – ~1703), deren Namen aber nicht zitiert werden.

Lémery folgt der Ansicht, dass ein Hauptsalzprinzip existiert. Er sieht es allerdings nicht mehr als die Grundlage alles Stofflichen sondern meint, dass es ein Bestandteil der Mineralsalze ist. Er ist der Ansicht, dass dieses „fossile" Salz[138] aus einer Säure und den Steinen im Innern der Erde über Jahre gebildet wird und als Steinsalz bergmännisch abgebaut werden kann. Es soll aus klaren Kristallen bestehen und dem Meersalz äußerst ähnlich sein. Auf der anderen Seite erklärt er die Entstehung der verschiedenartigen anderen Salze durch den gleichen Vorgang. Sie entstehen aus den Säuren und unterschiedlichen Erden.[139] Als Beispiele zählt er Salpeter, Vitriole und Alaune auf.

Lémery meint, dass die Salze die verantwortlichen Wirkstoffe bei der Düngung sind und auch im natürlichen Dünger zum Tragen kommen. Dabei sollten einerseits Salze mit einer gewissen Volatilität wie Salpeter vorhanden sein, andererseits kann aber auch die Asche von Pflanzenmaterialien mit viel fixem Salz erfolgreich gebraucht werden. Die Wirkung des Düngers erklärt Lémery durch ein Zusammentreffen des flüchtigen Salzes mit schwefligen Substanzen in der Erde.[140]

---

136 (Franckowiak 2002, S. 307).
137 (Lémery 1696, S. 6 f.): „Quelques philosophes modernes veulent persuader qu'il est incertain que les substances qu'on retire des mixtes, & que nous avons appellées Principes de Chimie, resident effectivement & naturellement dans le mixte : ils disent que le feu … est capable de lui donner ensuite un arrangement tout different de celui qu'elle avait auparavant, …que quoy que le feu déguise les substances, il ne forme pas neanmoins les Principes, car nous les voyons & sentons dans mixtes avant qu'ils ayent passé par le feu."
138 Ebd. S. 12.
139 Ebd. S. 16: „car selon que les liqueurs acides rencontrent des terres diversement composées, il se fait des differentes sortes de matieres."
140 Ebd. S. 18: „Il y a beaucoup d'apparence que le sel volatile ou salpestreux se lie dans la terre avec une substance sulphureuse ou grasse …. Ce mélange de sel volatile & de soulfre peuvent beaucoup servir à expliquer la vegetation."

Aus den Pflanzen kann man nach Lémery drei Sorten von Salz erhalten: die essentiellen, die flüchtigen und die fixen.[141] Er schreibt, dass der Pflanzensaft die essentiellen Salze ergibt, die manchmal dem Salpeter manchmal dem Tartar ähnlich sein sollen, je nachdem ob sie mehr oder weniger „Erde" enthalten. Aus Früchten und Samen werden die flüchtigen Salze durch das Erhitzen gewonnen, Lémery gibt an, dass sie oft einen strengen Geruch aufweisen. Sie sollen sich von den essentiellen nur durch die größere Flüchtigkeit unterscheiden, die durch einen höheren Anteil an „Quecksilber" bewirkt werden soll. Die fixen Salze verbleiben nach der Destillation des Pflanzenmaterials zusammen mit der „Erde" als Rückstand. Lémery sagt, dass sie Alkali genannt werden, da eine Pflanze mit Namen Kali sehr viel davon enthält.[142] Er glaubt, dass die flüchtigen und die fixen Salze, im Gegensatz zu den essentiellen, nicht in dieser Form in der Pflanze vorliegen, sondern durch das Erhitzen verändert werden. Das Kapitel schließt mit den Salzen tierischer Herkunft. Die flüchtigen Salze werden durch Erhitzen gewonnen und ähneln denen aus Früchten und Samen. Tiere enthalten kein fixes Salz, eine geringe Menge soll man aber mit Hilfe des Feuers erhalten.[143]

Nach dem einleitenden, theoretischen Teil ist der praktische Teil des Buches in drei Kapitel über die drei Reiche der Natur gegliedert. Die Beschreibung des Mineralreichs beginnt mit den Metallen. Gold und Silber werden zuerst besprochen, hier finden sich jedoch keine Bemerkungen über mögliche Salze. Bei den folgenden beiden Metallen beschreibt Lémery die Herstellung eines Salzes aus dem jeweiligen „calcinierten" Metall und Essigsäure: „Sel de Jupiter ou d'estain" und „Sel de Saturne"[144]. In der Überschrift der jeweiligen Abschnitte nennt er die erhaltenen Substanzen Salz. In den zugehörigen Erläuterungen stellt er allerdings dar, dass es sich dabei nur um Stoffe handelt, die den Salzen ähneln. Die richtige Erklärung wäre, dass es sich nur um die Säure des Essigs handele, die in den Poren des Metalls eingelagert sei, denn beim Erhitzen entstehe das Metall unverändert zurück.[145] Die gleiche Auslegung gibt Lémery sowohl für das „Vitriol" des Kupfers wie auch des Eisens, für die „Teinture de Mars avec le tartre" und das „Sublimé corrosif" des Quecksilbers, alle vier werden

---

141 Ebd. S. 20 f.
142 Ebd. S. 23: „Il est à remarquer qu'à cause qu'on tire beaucoup de cette espece de sel, d'une plante qu'on appelle Kali & en François Soude, on a donné par similitude, le nom Alkali au sel fixe de toutes plantes."
143 Ebd. S. 28.
144 Ebd. S. 127–129 und 145–148.
145 Ebd. S. 128: „Ce sel n'est composé que des acides du vinaigre qui sont incorporez dans les particules de l'étain, & qui ont fait une ressemblance de sel."

den eigentlichen Salzen nicht zugerechnet, die verwendeten Säuren wären im Metall nur eingelagert.[146]

Das Kapitel über das Mineralreich enthält die Beschreibung von vier spezifischen Salzen: Kochsalz, Salpeter, Salmiak und Alaun. Lémery legt dar, dass sie durch Umkristallisieren gereinigt werden, der Salmiak durch die Sublimation. Alle Salze seien kristallin und mehr oder weniger hygroskopisch. Beim Erhitzen ließen sich die verschiedenen Säuren darstellen. Die Vitriole werden zwar auch dem Mineralreich zugerechnet gehörten aber, wie bereits erwähnt, nicht in die Gruppe der Salze, sie bestünden aus einem „sauren Salz" und einer „schwefligen Erde".[147]

Im Kapitel über das Pflanzenreich geht Lémery detailliert auf zwei „essentielle Salze" ein: Zucker und Weinstein. Der Zucker wird zu den Salzen gerechnet, da er aus den Pflanzen extrahiert werden könne, kristallin sei und durch Umkristallisieren gereinigt werden könne.[148] Der Weinstein ist im Most enthalten und wird von Lémery in gewisser Art und Weise für die Gärung verantwortlich gemacht.[149] Zum Abschluss der drei Reiche ist das spezielle Kapitel über das Tierreich das Kürzeste. Das einzige Salz, das hier näher beschrieben wird, erhält man bei vorsichtigem Erhitzen von Urin, es wird als flüchtiges Salz bezeichnet.[150]

Lémery unterscheidet sich prinzipiell von den bisher besprochenen Chemikern: er vertritt die Lehre des Atomismus und verwendet diese Theorie zur Erklärung des chemischen Verhaltens. In seinem Lehrbuch versucht er, das Verhalten von Säuren in Reaktionen mit verschiedenartigen Salzen aber auch mit den Metallen atomistisch zu deuten.[151] Er schreibt verschiedenen Atomen oder Molekülen charakteristische Formen zu: „Comme on ne peut pas mieux expliquer la nature d'une chose aussi cachée qu'est celle d'un sel, qu'en admettant aux parties qui le composent, des figures qui répondent a tous les effets qu'il produit;".[152] Besonders anschaulich erklärt Lémery die Reaktion von Säuren mit Carbonaten. Säuren sollen

---

146 Ebd. S. 162–164, 186–192 und 213 f.
147 Ebd. S. 415: „Le vitriol est un mineral composé d'un sel acide & d'une terre sulphureuse."
148 Ebd. S. 555: „Le sucre est le sel essentiel d'un roseau qui croît en plusieurs lieux, & principalement aux Isles de Madere & de Canarie."
149 Ebd. S. 559: „Pour expliquer cet effet, il faut savoir que le moust contient beaucoup de sel essentiell; ce sel comme volatile faisant effort dans la fermentation."
150 Ebd. S. 680: „Cette operation est une separation de l'esprit, du sel volatile & de l'huile de l'urine."
151 Ebd. S. 24–27
152 Ebd. S. 24

scharfe, spitze Ecken besitzen[153] und könnten damit in die Poren der spröden und brüchigen Oberfläche der alkalischen Salze eindringen,[154] was zu dem beobachteten Aufschäumen bei der Reaktion führen soll.

Lémery benennt die fünf Prinzipien „Quecksilber", „Schwefel", „Salz", „Wasser" und „Erde" und unterscheidet zwischen „aktiven" und „passiven" Prinzipien auf Grund der Bewegung der kleinsten Korpuskeln. Einerseits beschreibt er noch die Lehre von den Prinzipien, die bestimmte Eigenschaften besitzen und diese den Stoffen verleihen. Andererseits deutet er ihre Wirkung dagegen atomistisch und betont ihren stofflichen Charakter dadurch umso mehr. Die Prinzipien werden zur Erklärung der Vorgänge bei der Destillation herangezogen und auf die Operationen der Chemiker bezogen, ihre universelle Gültigkeit als grundlegende Prinzipien der Natur wird in Frage gestellt. Er versucht, ihr chemisches Verhalten durch die Eigenschaften der vorhandenen Atome zu erklären.[155] Nach Bougard schafft er auf diese Art und Weise eine weitsichtige pragmatische Verbindung[156] zwischen der Theorie der fünf Prinzipien und dem Atomismus. Allerdings ändert Lémery dabei den Charakter der paracelsischen Prinzipien grundlegend. Die ursprüngliche Bedeutung behandelt er nach meiner Meinung nur aus didaktischer Tradition und will mit den überkommenen Vorstellungen noch nicht radikal brechen.

Lémery führt den Gedanken der Definition des Salzbegriffs an Hand der Entstehung weiter fort und betont ihn an mehreren Stellen. Salze enthalten einen Säurerest, sie werden aus der Reaktion einer Säure mit einer Erde, Steinen oder Alkali gebildet; aus einer Säure und einem Metall entsteht nach seiner Ansicht demgegenüber kein Salz. Lémery kennt die physikalischen Eigenschaften der Salze und benutzt sie in seinen chemischen Verfahren. Er verwendet die Eigenschaften jedoch nicht explizit zur Charakterisierung der Stoffgruppe.

---

153 Ebd.: „Je dirai que l'acidité d'une liqueur consiste dans des particules de sels pointuës lesquelles sont en agitation;"
154 Ebd. S. 25: „Cet effet peut faire raisonnablement conjecturer que l'alcali est une matiere composée de parties roides & cassantes dont les pores sont figurez de façon, que les pointes acides y étant entrée, elles brisent & écartent tout ce qui oppose à leur mouvement,"
155 Vgl. (Metzger 1923, S. 292): „Sans discussion aucune, Lémery admit la structure discontinue et corpusculaire de la matière; il supposa que les substances variée que la chimie étudie, ..., sont composés de petits corps ayant une forme caractéristique."
156 (Bougard 1999, S. 157).

5.6 Johann Kunckel: Nützliche Observationes Oder Anmerckungen / Von den Fixen und flüchtigen Saltzen

Johann Kunckel (~1638–~1703) entstammte einer alteingesessenen Glasmacherfamilie im Herzogtum Schleswig, sein genaues Geburtsdatum ist unbekannt.[157] Seine Ausbildung und seine ersten praktischen chemischen Kenntnisse erhielt er als Apothekerlehrling und in der väterlichen Glashütte.[158] Nach Stationen an einigen Adelshäusern und der Universität in Wittenberg holte ihn Kurfürst Friedrich Wilhelm I. von Brandenburg an seinen Hof. Dort begannen Kunckels erfolgreichste Jahre. Er konnte seine glastechnischen Versuche in mehreren Labors durchführen, das letzte und bekannteste befand sich auf der Berliner Pfaueninsel,[159] die er für seine Verdienste in der Herstellung von Rubingläsern von Friedrich Wilhelm I. geschenkt bekommen hat.[160] Nach dem Tode seines Mäzens verblasste sein Stern in Berlin jedoch sehr schnell. Friedrich Wilhelms Nachfolger, Friedrich III., war an prunkvollen Gläsern wenig interessiert. Außerdem wurde Kunckel wegen Veruntreuung angeklagt, ein Prozess über den es sehr unterschiedliche Ansichten gibt.[161] Kunckel verließ Berlin und begab sich nach Schweden. Dort erhielt er hohe Anerkennung: Er wurde zunächst zum Bergrat bestellt und später als Johann Kunckel von Löwenstern in den Adelsstand erhoben. Sein Lebensende verbrachte er wieder in Deutschland, es liegt aber wie seine Geburt im Dunkeln: Er ist wahrscheinlich 1703 gestorben, der Ort ist nicht eindeutig belegt.[162]

Neben seinem posthum veröffentlichten chemischen Hauptwerk, dem „Collegium Physico-Chymicum Experimentale Oder Laboratorium Chymicum" ist Kunckels bekanntestes Buch die „Ars vitraria experimentalis oder vollkommene Glasmacher-Kunst". Dieses ist für lange Zeit das maßgebende Lehrbuch für die Glasmacherkunst geblieben.[163] Sogar Johann Wolfgang von Goethe würdigte es in einer Buchbesprechung.[164]

---

157 (Kuhnert 2008, S. 8).
158 Ebd. S. 15.
159 (Rau 2009).
160 (Kuhnert 2008, S. 127–129).
161 Ebd. S. 151–203.
162 Ebd. S. 226 f.
163 (Rau 2009, S. 10).
164 Ebd. S. 22.

„Kunckel ist ein Praktiker; sein Bildungsweg führt von der Praxis zu den Büchern."[165] Er hat zwar an der Universität Wittenberg Vorlesungen gehalten, seine Haupttätigkeiten in Berlin waren jedoch praktischer und herstellungsbezogener Natur. Er erlangte dennoch große Anerkennung als Wissenschaftler und ist wohl auf Betreiben des deutschstämmigen Wilhelm Homberg (1652–1715), dessen schaffensreichste Zeit in Paris war,[166] korrespondierendes Mitglied der „Académie Royale des Sciences" geworden.[167]

Nach den klaren und systematisch aufgebauten Lehrbüchern von Le Fèvre und Lémery wirkt die Schrift Kunckels über die Salze ungeordnet und weitschweifig.[168] Aber wie der Titel schon besagt entwickelt er kein systematisches Lehrgebäude der Chemie sondern dokumentiert Anmerkungen zu einigen Beobachtungen. In bunter Reihenfolge wird die Beschreibung chemischer Versuche in den Kapiteln über alkalische Salze, Schwefel, Quecksilber, flüchtiges Salz, „terra damica" und „spiritus mundi", Vitriol, Gold und Silber mit allgemeinen ausschweifenden Anmerkungen gemischt. Dies heißt aber nicht, dass zum Beispiel in dem Kapitel „Von dem Mercurio und dessen Eigenschaften" nur vom Quecksilber die Rede ist. Ganz im Gegenteil wird hier unter anderem über Salz, Schwefel wie auch den „Stein der Weisen" berichtet.

Kunckel ist ein Vertreter der Theorie vom Wachsen und Entstehen der stofflichen Dinge auf der Erde. Er lehnt die paracelsische „tria prima" Lehre ab, weil er sie nicht durch seine Versuche beweisen kann.[169] Er folgt wie Le Fèvre und Lémery den Ansichten über fünf Bausteine der Welt, hat aber eine eigene Hierarchie erstellt. Kunckel kennt nur zwei Grundprinzipien, das „Salz" und das „Wasser".[170] Diesen beiden ersten Prinzipien ordnet er die anderen drei unter, wenn er über das „Quecksilber" schreibt: „Bleibe also dabey / daß vors erste der Mercurius aus Wasser und Saltz meistens / wie obgedacht / bestehe / und daß er secunda vel tertia materia in der generation sey / und primamateria Metallorum"[171]. Das Sekundärprinzip „Schwefel" sei dagegen nicht für die Bildung der Metalle verantwortlich,

---

165 (Rau 2009, S. 23).
166 (Partington 1998, Band 3, S. 43).
167 (Kuhnert 2008, S. 84).
168 (Kunckel 1676).
169 Ebd. 3. Capitel: „und dünckt mich sehr ungereumbt zu seyn / daß man sagen wolle Sal, Sulphur, Mercurius sey das Principium der Metallen und aller Dinge; so weit sich meine Experimenta erstrecken / kann ich nicht sehen / daß dieses angehen kann."
170 Ebd.: „denn der Anfang aller Dinge ist Wasser und Saltz / und diese beyde sind unzertrennlich in ihrem ersten Wesen / haben weder Geruch noch Geschmack."
171 Ebd.

sondern eine „Fettigkeit der Erden" und ein „Oleum combustibile". Es soll für die Brennbarkeit stehen und sei ebenso wie „Quecksilber" aus den beiden Grundprinzipien „Wasser" und „Salz" zusammengesetzt.[172] Das Prinzip „Erde" letztendlich soll für die Form der stofflichen Dinge verantwortlich sein.[173]

Kunckel beschreibt, dass das Grundprinzip „Salz" geruchlos und geschmacklos ist. Aus ihm sollen die stofflichen Salze entstehen, indem die „Erde" ihnen die Form verleiht. Eine Reindarstellung des Grundprinzips könne also durch den Entzug der formgebenden „Erde" geschehen. Dies beschreibt Kunckel im Kapitel über das Vitriol. Er kristallisiert Vitriol mehrfach um und erhält einen sirupartigen Rückstand.[174] Da das auskristallisierte Vitriol alle formgebende „Erde" mitgenommen habe, müsse der Rückstand das Grundprinzip des „Salzes" sein.[175] Kunckel bezweifelt hier die Einfachheit des Vitriols und versucht, durch fortgesetzte Auftrennung zu nicht weiter zerlegbaren Grundbestandteilen zu kommen. Er wiederholt den Reinigungsprozess durch Auflösen und Auskristallisieren so lange, bis er nach seiner Meinung zum allerersten einfachen Salz gelangt.

Kunckel unterscheidet zwischen den „fixen" und den „volatilen" Salzen und widmet beiden jeweils ein Kapitel. Er beschreibt eine Reihe von fixen Salzen, die er auch „alcalisch" nennt, im Hinblick auf ihre medizinische Wirkung. Allerdings sieht er eine gewisse „Gleichförmigkeit" der Wirkung, da alle fixen Salze zum Schwitzen anregen. Die volatilen Salze beschreibt er als Träger von Geruch und Geschmack.[176] Kennzeichnende Eigenschaften der stofflichen Salze bestehen nach Kunckel im Kristallisationsvermögen und in ihrer Hygroskopizität.

Kunckel macht einen Unterschied zwischen dem Prinzip „Salz" und der Stoffgruppe, er wandelt die herrschende Prinzipienlehre jedoch ab, indem er eine Hierarchie der fünf Prinzipien einführt. Die Charakteristika der Stoffgruppe werden in diesem Buch nicht besonders herausgearbeitet. Er beschreibt die Salze eher als eine Art Träger der Eigenschaften und nicht als eine zusammengehörige Gruppe

---

172 Ebd. 2. Capitel: „daß ich den Schwefel vor kein principium metallorum halte noch paßiren lassen kann / dann es ist ungereimbt / ein Ding vor ein principium zu halten / was aus principiis bestehet."
173 Ebd. 3. Capitel: „das übrige ist Erde / welches die Form macht"
174 Anm.: Wahrscheinlich ein Gemisch von Substanzen.
175 (J. Kunckel 1676, 6. Capitel): „Warum aber dieses letztere nicht anschiessen wolle noch könne / so wohl beym Vitriol / als andern Salien / ist die Ursache / das Saltz ist wieder / wie es in seiner ersten Gebuhrt oder Generation war / ohne Terra, welches sich mit dem ersten praecipitiret und gesetzt hat"
176 Ebd. 4. Capitel: „das ist nochmals meine beständige Meinung / daß der Geruch und Geschmack / welche beyde Sinne einander gar nahe verwandt / vom Sale herkommen."

von einzelnen Stoffen mit verbindenden Kriterien. Auch wenn die Monographie erst nach den Erstauflagen der Lehrbücher von Le Fèvre und Lémery geschrieben worden ist, vertritt Kunckel in diesem Werk eher ältere Ansichten. Er muss zwar deren Schriften gekannt haben, da er sie in seinem „Laboratorium Chymicum" zitiert,[177] er ist aber wohl eher an praktischen Anwendungen als an theoretischen Überlegungen interessiert. In dieser Arbeit ist allerdings nur Kunckels Monographie zum Thema Salz berücksichtigt worden; ob er in seinen weiteren Büchern und insbesondere im „Laboratorium Chymicum" zu anderen Ansichten gelangt, sollte in einer zusammenfassenden Studie über seine Werke untersucht werden.

5.7 Georg Ernst Stahl: Ausführliche Betrachtung und zulänglicher Beweis von den Saltzen

„Phlogiston" – ein heutzutage in der Allgemeinheit weitgehend unbekannter Begriff. Dennoch war die Phlogiston-Theorie das bedeutendste chemische Konzept des 18. Jahrhunderts bevor es durch Lavoisiers Erklärung der Oxidation abgelöst wurde. Die Phlogiston-Theorie ist untrennbar mit dem Namen Georg Ernst Stahl (1659–1734) verbunden, der als ihr Begründer gilt, auch wenn er auf den Gedanken von Johann Joachim Becher (1635–1682) aufbaute. Stahl wird dafür eine „epochemachende Bedeutung für die Chemie"[178] zugesprochen. Seine Lehre war so wirkmächtig, dass ihre Anhänger Forschung und Lehre dominierten und „fast alle Lehrstühle für Chemie in Deutschland [besetzten]"[179]. Die Ansicht, dass er „zum Begründer der neueren Chemie"[180] wurde, ist aber wohl eher eine nationalistisch geprägte Übersteigerung.

Stahl erblickte das Licht der Welt im mittelfränkischen Ansbach, in den ehemaligen Stammlanden der Hohenzollern. Er besuchte dort das Gymnasium und studierte in Jena Medizin, wo er nach der Promotion eine erste Lehrtätigkeit begann. Nach der Zeit in Jena wurde er als Leibarzt des Herzogs in Sachsen-Weimar berufen. Seine bedeutendsten Universitätsjahre verbrachte er anschließend in Halle, wo er Medizin und Chemie lehrte und Prorektor wurde. Hier pflegte er enge Beziehungen zu dem Pietisten August Hermann Francke (1663–1727) und dem Vertreter der deutschen Aufklärung Christian Thomasius (1655–1728), durch deren Gedankengut

---

177 (Kunckel 1975, siehe z.B. S. 370).
178 (Lepsius 1893).
179 (Meinel 1991).
180 (Mühlpford 1985, S. 121).

er maßgeblich beeinflusst wurde.[181] Er verabscheute jedwede Art von Müßiggang[182] und vertrat nicht nur die wissenschaftliche Seite der Chemie sondern propagierte besonders ihre technische Anwendung.[183] Stahl folgte dann einem Ruf des Soldatenkönigs Friedrich Wilhelm I. als Leibarzt und Erster Hofrat nach Berlin. Neben seinen medizinischen Aufgaben förderte er weiterhin die Chemie und machte diesbezüglich seinen Einfluss auf den König geltend.[184] Er starb 1734 in Berlin. Stahl war zunächst Mediziner und hat auf diesem Gebiet seine meisten wissenschaftlichen Schriften verfasst;[185] sein Nachruhm begründet sich jedoch auf seine Autorität als Chemiker[186]. Ob man allerdings die Phlogistontheorie als „Frühaufklärung in der Chemie" bezeichnen sollte, muss hier dahingestellt bleiben.[187]

Allerdings sollte Stahl nicht auf die Begründung der Phlogiston-Theorie reduziert werden. Seine Theorie über den stufenweisen Aufbau der Materie war für die Weiterentwicklung der Chemie von ebenso großer Bedeutung.[188] Stahl war Zeit seines Lebens durch einen hohen wissenschaftlichen Anspruch geprägt.[189] Sein Werk über die Salze verbindet chemische Beobachtungen und Experimente mit Erklärungsversuchen und Betrachtungen über die Hintergründe. Er zitiert ausführlich die bekannte Literatur und setzt sich insbesondere mit den Werken Kunckels auseinander. Er greift zurück auf die Schriften der angesehensten Ärzte und Chemiker seiner Zeit[190] und setzt sich kritisch mit ihren Meinungen auseinander. Er widerlegt sie oder benutzt sie zur Unterstreichung seiner eigenen Ansichten. Seiner Darstellung ist in der heutigen Zeit schwer zu folgen, er schreibt sehr umschweifend und folgt einer Systematik, die nicht einfach zu erkennen ist.

Stahl verzichtet in seinem Werk auf eine längere allgemeine Einführung in die Chemie und ihre Grundlagen. Er betont jedoch ihre eigenständige Bedeutung und

---

181 (Strube 1984, S. 13–20).
182 Ebd. S. 18.
183 Ebd. S. 19.
184 Ebd. S. 24: „Ganz sicher hatte sein Leibarzt Stahl als einer seiner engen Vertrauten ihn bei der Durchführung dieser Pläne beraten, und gewiß ebenfalls durch Stahls Einfluß wurde an dieser Einrichtung Chemie betrieben."
185 Ebd. S. 9.
186 (Mühlpford 1985, S. 117): „In der Chemie war er der Olympier, dessen Lehre weltweit wirkte."
187 (Bieller 2007, S. 12).
188 (Debus 2001, S. 220).
189 Vgl. (Lepsius 1893).
190 Z.B.: Barner (1641–1686), Becher (1635–1682), Detharding (1671–1747), Digby (1603–1665), Glauber (1604–1670), Homberg (1652–1715), Mayow (1641–1679).

grenzt sie von betrügerischer Alchemie und Quacksalberei ab. Als theoretische Grundlage stellt er die Ansichten Bechers über die Zusammensetzung des Mineralreichs aus Wasser und drei verschiedenen Arten von Erde dar, denen er im weiteren Verlauf des Buches folgt. Er nimmt weder Bezug auf die vier aristotelischen Elemente noch auf die drei bzw. fünf Prinzipien. In diesem Werk lassen sich auch keinerlei Erklärungen auf atomistischer Grundlage finden.[191]

Stahl beginnt mit einer Klassifizierung der Salze des Mineralreichs, die er in „vitriolische", „Koch=saltzige" und „Salpeterische" einteilt. Etwas später fügt er noch das Borax hinzu.[192] Unter die vitriolischen Salze reiht er zusätzlich den Alaun ein, da er, genau wie diese, in seiner Zusammensetzung Schwefel enthalte. Stahl beschreibt, dass die vitriolischen Salze selten in reinen Lagerstätten angetroffen werden, sondern meist mit Kupfer- oder Eisenerz oder mit Spießglanz vermengt sind. Vom Alaun unterscheidet er das Steinsalz, das in großer Menge rein oder nur mit Erde vermengt vorkommt. Den Salpeter grenzt Stahl von den beiden anderen Arten dadurch ab, dass er nicht unterirdisch sondern durch Fäulnis entstanden und erst danach in die Erde eingetragen worden ist.

Zwar sei das Borax ein wirkliches unterirdisches Salz, es unterscheide sich aber deutlich von den anderen: „Eine Art Saltzes, von allen andern Gattungen höchlichst unterschieden: Ja, das allereinfältigste und offenbahrste Zeugnüß, daß ein Saltz, aus Wasser und schmeltzlicher Erdigkeit, bestehe."[193] An dieser Stelle wird die Feststellung getroffen, dass die Salze zusammengesetzte Stoffe sind und aus Wasser und einer Erde bestehen. Mit „schmeltzlicher Erde" nimmt Stahl Bezug auf Bechers „terra prima" („terra fusilis", „terra vitrescibilis"). Als Beweis für diese Theorie führt Stahl die Beobachtung an, dass trockenes, kristallines Borax Wasser verliert und in einen glasartigen Zustand übergeht, wenn es stark erhitzt wird.

Stahl definiert das Hauptcharakteristikum der Mineralsalze darin, dass sie keine einheitlichen Stoffe sondern aus zwei Teilen zusammengesetzt sind.[194] Sie sollen einerseits aus dem sie bestimmenden flüchtigen Anteil bestehen, den Stahl „spiritus" oder „oleum" nennt. Dieser Teil könne wiederum vitriolisch, kochsalzig oder salpetrig sein. Daneben soll es einen festen und trockenen Anteil geben, der den

---

191 Vgl. (Berger 2000, S. 133).
192 (Stahl 1723, Kapitel 3).
193 Ebd. S. 25 f.
194 Ebd. S. 50 f.: „Was nun die mineralische oder in der Erde stehende, und wachsende Saltze betrifft; so ist von solchen nicht sowohl weitläuffig zu erinnern, als vielmehr vor bekandt voraus zu setzen, daß an solchen zweierley Haupt=Theile zu beobachten."

Salzen ihre Konsistenz verleiht.[195] Stahl beschreibt, dass dieser Anteil im Vitriol einen metallischen und im Kochsalz und Salpeter einen alkalischen Charakter hat, während er im Alaun aus einer sehr zarten, „kreidichten oder schlammichten Erde" besteht. Der flüchtige Bestandteil der Salze, die bei der trockenen Destillation erhältliche Mineralsäure, sei das eigentliche Salzprinzip, manchmal spricht Stahl auch nur von Salz, während der andere Teil ihnen ihre Gestalt und Form als feste Körper verleihe.[196] Stahl beschreibt das Prinzip einer chemischen Verbindung, die aus zwei Ausgangsstoffen gewonnen werden kann. Diese Ausgangstoffe verlieren ihre chemischen Eigenschaften, können aber unverändert aus der Verbindung zurückgewonnen werden.[197]

Bei Stahl hat der Begriff Salz seine Rolle als Prinzip verloren. In der Nachfolge Bechers vertritt er die Ansicht, dass nur Erde, Wasser und Luft die grundlegenden Bausteine der Materie sind; wobei die Luft keine Verbindung mit Erde und Wasser eingehen kann, also nicht für chemische Verbindungen in Frage kommt.[198] Bei den Mineralsalzen erscheinen diese neuen Prinzipien recht definierte, materielle Grundlagen zu besitzen, auch wenn sie niemals rein darstellbar sein sollen.[199] Bei Stahls Beschreibung des festen und trockenen Anteils der Salze liegt der Gedanke an Metalle sowie Alkali- und Erdalkalimetalle nahe.

„Es ist die alte billige Regul; woraus etwas zusammengefüget, und darein es wieder zerleget werden kann, daraus besteht es."[200] Stahl formuliert diesen Grundsatz und unterstreicht damit nochmals, dass die Salze keine unteilbaren Einheiten sind, sondern aus zwei Anteilen zusammengesetzt sind. Er führt eine Vielzahl von Versuchen an, mit denen er die Mineralsäuren aus ihnen darstellen kann. Anschließend lässt er die erhaltenen Säuren mit anderen Salzen oder mit Metallen

---

195 Ebd. S. 51: „Nehmlich ihre eigentlichste, mehr flüßige Art; an dem schwefelicht und vitriolischen, Koch=Saltzigen und Salpeterichten, so genandten spiritu oder oleo: Zum andern, was diesen, in der gemein verkaufflichen trockenen Gestalt, solche cörperliche Consiszenz giebt."
196 Ebd.
197 Ebd. S. 134: „Allwo nemlich die heutige Philosophie bessern Grund hat zu behaupten, daß in denen vermischten Cörpern, diejenige cörperliche Theile, woraus sie bestehen, unverändert ihrer jeder eigener Beschaffenheit, bloß durch eine feste Verknüpfung zusammen hangen; und während solcher Verbindung, sowohl andere Gestalt, als andere vermengte und veränderte Eigenschaften und Würckungen bezeigen, als jedes einzeln: auch wiederum auf solche Weise von einander scheiden, wie eines jeden eigener Beschaffenheit gemäß ist: wann man den rechten Weg ihrer Scheidung trifft."
198 (Metzger 1930, S. 130).
199 (Berger 2000, S. 140).
200 (Stahl 1723, S. 61).

reagieren. Er beschreibt detailliert und an mehreren Stellen, dass man z.B. aus dem „Sal Alcali" und dem „Spiritus Nitri" einen ganz normalen Salpeter erhält.[201] Aus dem Salmiak könne man mit „Oleo Vitrioli" den „Spiritus Salis" austreiben und erhielte eine andere Art „Salmiac-Salz".[202] Stahl beschreibt, wie die Mineralsäuren mit vielen Stoffen wie Kreide Korallen, Knochen und Kalk reagieren und untersucht ihre Reaktionsprodukte.[203]

Bei der Einwirkung der Säuren auf Metalle stellt er das unterschiedliche Reaktionsverhalten der verschiedenen Metalle mit den einzelnen „sauren spiritus" dar.[204] Nach der Phlogistontheorie werden diejenigen Metalle am wenigsten von Säuren angegriffen, die am wenigsten Phlogiston enthalten.[205] Alle unedlen Metalle besitzen viel locker gebundenes Phlogiston und lösen sich deshalb leicht auf.[206] Lange Zeit vor Lavoisier stellt er auf dem Gebiet der Salze schon quantitative Betrachtungen an. Er weiß, dass nur bestimmte Mengen von Säure und Metall miteinander reagieren: „Dann weil er zu solchem Zweck, solches olei weit mehreres, als das Silber wiegt, vonnöthen hat, so ist diese andere Art, jener deswegen vorzuziehen, weil dadurch sich, nicht mehreres an das Silber anhänget, als, wie man es nennet, das **Natur=Gewicht** erfordert."[207]

Stahl unterscheidet die Salze in Pflanzen und Tieren von denen des Mineralreichs. Sie sollen in erstaunlich großer Menge vorliegen und er erwähnt die Salze aus Wein und Essig sowie die fixen und die flüchtigen.[208] Er spricht aber auch dem „süssestem Most, Zucker, Syrup, Honig, etc" eine „häuffige würckliche Saltzigkeit" zu.[209] Stahl nimmt an dieser Stelle einerseits Bezug auf die Fruchtsäuren und andererseits auf Säuren, die in Gärungsprozessen entstehen. Er wendet sich gegen die Behauptung anderer Chemiker, und er zitiert an dieser Stelle Kunckel, die behaupten, dass die Salze in Pflanzen und Tieren gar nicht originär vorliegen, sondern bei der trockenen Destillation durch das Feuer erzeugt werden.[210] Stahl

---

201 Ebd. S. 63.
202 Ebd. S. 79.
203 Ebd. S. 169.
204 Ebd. Kapitel 20–23.
205 Ebd. S. 291: „Indeme es zum Überfluß bekanndt ist, daß alle Etz=Wasser, solcherley Metallen, wann ihnen dieses Wesen recht entzogen ist, entweder gar nicht; oder doch viel weniger am Gewicht, und äusserst langweiliger, angegriffen:"
206 Vgl. (Strube 1984, S. 65).
207 (Stahl 1723, S. 241).
208 Ebd. S. 31.
209 Ebd. S. 33.
210 Ebd. S. 36.

ist der Meinung, dass die Salze in den Pflanzen und Tieren selbst entstehen und sich deshalb auch von den Mineralsalzen unterscheiden.[211] Er beschreibt die Nahrungsaufnahme als Grundlage der Salzbildung in Pflanzen und Tieren und fügt eine Übertragung aus der Luft durch Verunreinigungen hinzu. Auf alle Fälle entstünden neuartige Salze, die eine andere Zusammensetzung aufweisen würden.[212] Diese Andersartigkeit soll darin bestehen, „daß sie ebenmäßig viel Fettigkeit, fest in ihrer innern Vermischung darlegen und ausweisen."[213]

Stahl sieht in den Salzen eine Stoffklasse mit gemeinsamen Eigenschaften und kann die einzelnen Mitglieder der Klasse anhand der Ausprägung dieser Eigenschaften differenzieren. An erster Stelle nennt er den Geschmack, der mehr oder weniger salzig oder bitter sein kann. Er beschreibt, dass alle Salze wasserlöslich sind, aber bei manchen eine größere Menge Wasser verwendet werden muss als bei anderen. Manche Salze würden sich „wohl gar von selbsten" lösen, das heißt, sie sind hygroskopisch. Aus der Lösung würden die Salze wieder auskristallisieren und könnten anhand ihrer Kristallform unterschieden werden. Stahl schreibt, dass beim Eindampfen bestimmte Regeln eingehalten werden müssen, um gut geformte Kristalle zu erhalten; manche Kristalle behielten dabei ihr Kristallwasser. Viele Salze seien feuerbeständig und einige nähmen bei starkem Erhitzen eine glasartige Konsistenz an.[214]

Ohne noch tiefer auf seine umfangreichen Untersuchungen eingehen zu wollen, lassen sich drei Hauptpunkte festhalten, mit denen Stahl die Salze beschreibt:

1. Die Salze sind keine Prinzipien mehr. Stahls Grundbausteine der Materie sind Wasser und die drei Erden, die Becher postuliert hat.
2. Die Salze sind eine Klasse von zusammengehörigen Stoffen, die sich durch gemeinsame Eigenschaften auszeichnen. Sie besitzen ausschließlich einen materiellen Charakter. Allerdings zählt er zusätzlich die Säuren, die das eigentliche Salzprinzip bedeuten, zu dieser Stoffgruppe, auch wenn sie ganz andere Eigenschaften besitzen.
3. Die Salze sind zusammengesetzte Stoffe. Sie bestehen aus einem Säurerest und einem trockenen Anteil, der einen metallischen, einen alkalischen oder einen kreidigen Charakter besitzen kann. Stahl beschließt sein Werk mit der Feststellung: „Womit ich dann vor diesesmahl schliesse; da Ich nunmehro auch die

---

211 Ebd. S. 32: „daß sowohl in den vegetabilien, als selbst in den animalien, in der That und Wahrheit, erst vieles Saltz=Wesen, recht zusammengesetzt, erzeuget, und hervorgebracht werde."
212 Ebd. S. 31–34.
213 Ebd. S. 48.
214 Ebd. S. 84 f. und Kapitel 29.

zweyte Becherische Grund=Lehre, unwiedersprechlich bestätiget habe: daß das Saltz=Wesen, aus genauester zusammenfügung, allerzartester Erdischen, und wässerichten Theilchen bestehe."[215]

5.8 Herman Boerhaave: Elements of Chemistry

Das bekannteste Lehrbuch der Chemie aus der ersten Hälfte des 18. Jahrhunderts ist Herman Boerhaaves (1668–1738) „Elementa Chemiae",[216] das aus einer Zusammenfassung seiner Vorlesungen an der Universität Leiden besteht. Es stellte über viele Jahrzehnte den maßgeblichen Leitfaden für die Chemie dar. Boerhaave war einer der bekanntesten Wissenschaftler seiner Zeit „and was considered an oracle.[217] Er schrieb das Werk, wie er sich in der Einleitung beklagt, nachdem eine von ihm unautorisierte Mitschrift auf Lateinisch und in englischer Übersetzung aufgetaucht war, und die Studenten das Buch mit in seine Vorlesungen brachten. Die „Elementa Chemiae" Boerhaaves erschienen zunächst 1731/1732 in lateinischer Sprache und Boerhaave signierte jedes Exemplar persönlich, um weiterem Missbrauch vorzubeugen.[218] Dennoch tauchten schon bald weitere Nachdrucke und Übersetzungen auf. Das Buch erlebte viele Auflagen in verschiedenen Sprachen durch unterschiedliche Herausgeber in ganz Europa. Die deutschen Ausgaben sind leider stark verkürzt und enthalten im Wesentlichen nur den zweiten Teil des umfangreichen Werks.[219] Grundlage für diese Arbeit bildet die von Boerhaave autorisierte englische Übersetzung durch Timothy Dallowe aus dem Jahr 1735.[220]

Herman Boerhaave wurde als Sohn eines Pfarrers in einem kleinen Ort nahe der Universitätsstadt Leiden in Südholland geboren. In seiner Kindheit wurde er sehr von seinem Vater beeinflusst, der ein äußerst gelehrter Mann war und die Erziehung seiner Kinder übernahm.[221] Die calvinistische Grundausrichtung beeinflusste später sein ganzes Leben in seinem arbeitsamen Streben nach Erkenntnis der Welt zu Ehren Gottes.[222] Es war deshalb auch nur mehr als folgerichtig, dass

---

215 Ebd. S. 431.
216 (Ferchl 1984, S. 53): „Wichtigstes Lehrbuch seiner Zeit (neben dem Lemerys)."
217 (Lindeboom 2007, S. 135).
218 Ebd. S. 120.
219 Vgl. (Partington 1998, Band 2, S. 743 f.).
220 (Boerhaave 1735).
221 (Lindeboom 2007, S. 11).
222 (Knoeff 2002, S. 53): „Calvinism not only characterised Boerhaave's way of living, but it was also the starting point of his natural investigations."

Boerhaave zunächst das Studium der Philosophie und anschließend der Theologie an der Universität in Leiden aufnahm, daneben beschäftigte er sich aber auch mit Mathematik. Nach der Promotion in Philosophie nahm er zusätzlich das Medizinstudium auf, das er in kürzester Zeit absolvierte.[223] Nach einigen Jahren als praktizierender Arzt erhielt er einen Ruf an die Universität in Leiden, zunächst als Lehrbeauftragter und schließlich als ordentlicher Professor. Er vertrat zuerst die Botanik in der Medizinischen Fakultät und ab 1718 die Chemie, die er in seiner Antrittsrede als vortrefflichste Wissenschaft zur Erforschung der Natur bezeichnete.[224] Ab 1729 zog er sich langsam aus dem Universitätsleben zurück und starb 1738. Sein Nachruhm gründet sich nicht nur auf seine wissenschaftlichen Erfolge, er wird durch seinen rechtschaffenen Charakter verstärkt, so dass er in ganz Europa geachtet und verehrt wurde.[225]

In den „Elementa Chemiae" lassen sich an vielen Stellen Bezüge zu Boerhaave's Religiosität wiederfinden. Knoeff möchte sogar beweisen, dass der Calvinismus bestimmend für die Auswahl und Interpretation seiner Experimente war.[226] Das gesamte, umfangreiche Werk ist in zwei Bücher aufgeteilt. Das erste Buch enthält die theoretischen Grundlagen der Chemie und ist Ausgangspunkt für diese Arbeit. Das zweite Buch ist der angewandten Chemie gewidmet und besteht aus der Sammlung einer Vielzahl von Experimenten.

Das erste Buch beginnt mit einer kurzen Geschichte der Chemie und schließt eine Liste der bedeutendsten Chemielehrbücher ein. Der anschließende Teil beschreibt zuerst die natürlich vorkommenden Dinge in den drei Reichen der Natur, wobei das Mineralreich in Metalle, Salze, Schwefel, Steine und „Semi-Metalle" unterteilt ist. Nach einem kurzen Exkurs über die Bedeutung der Chemie in Physik und Medizin und einer Beschreibung der wichtigsten Instrumente folgt eine Gliederung nach den vier Elementen des Aristoteles, denen als letztes die „chemischen menstrua" hinzugefügt sind. Das erste Buch endet mit einer kurzen Darstellung von chemischen Gerätschaften.

Das Kapitel über die „chemischen menstrua" beschreibt allgemeine chemische Reaktionen[227] und enthält die übersichtlichste Darstellung der Salze. Diese sind

---

223 (Lindeboom 2007, S. 20).
224 Ebd. S. 77.
225 Ebd. S. 162: „Only the unique association of intellectual eminence with human greatness gave to his figure the Olympian nimbus, which has enchanted contemporaries and posterity alike."
226 (Knoeff 2002, S. 158): „His Calvinist understanding of God and His creation determined how he viewed the creation, how he did his chemical experiments and most importantly what he saw in his laboratory."
227 Vgl. (Metzger 1930, S. 280).

in vier Abschnitten systematisiert: „Of Simple Saline Menstruums", „Of a fixed Alcali, as a Menstruum", „Of Acid Menstruums" und „Of Neutral Salts as Menstruums".[228] Im ersten Abschnitt werden die Salze zunächst ganz allgemein durch ihre Eigenschaften charakterisiert. Boerhaave fordert, dass der Chemiker als erstes ihren Geschmack kennen muss und sie daran unterscheiden kann. Er beschreibt, dass die Salze wasserlöslich und bis auf einige Ausnahmen feuerbeständig sind. Das Hauptcharakteristikum der Stoffgruppe besteht nach seiner Ansicht jedoch in ihrer Zusammensetzung. Auch wenn sie selbst unter dem Mikroskop als einheitliche Stoffe erschienen, so seien sie doch aus „flüchtigen Elementen" zusammengesetzt, die allerdings nicht rein darstellbar sein sollen.[229] Er erläutert, dass diese „flüchtigen Elemente" in den stofflichen Salzen durch Wasser und Erde zusammengehalten werden. Die einzelnen Salze der Stoffgruppe sollen sich sowohl durch die Elemente, aus denen sie gebildet werden, als auch durch die Arten von Wasser und Erde, die sie zusammenhalten, unterscheiden.

Das Wort Element ersetzt Boerhaave im Folgenden durch die Bezeichnung Salzprinzip, Wasser und Erde werden Basis genannt. Nach ihrem Salzprinzip teilt er die Salze in zwölf Gruppen ein: in die fixen und flüchtigen Alkali; in natürliche oder durch vollständige bzw. beginnende Fermentation gebildete pflanzliche Säuren; in pflanzliche Säuren, die durch Verbrennung oder Destillation erhalten werden; in Mineralsäuren, die natürlich vorkommen oder durch Verbrennung oder Destillation erzeugt werden; in die natürlich vorkommenden Neutralsalze; und in andere Salze, die aus den vorher beschriebenen durch chemische Reaktionen entstehen.

Im Abschnitt über die fixen Alkali werden diese ausführlich besprochen.[230] Boerhaave beschreibt, dass sie durch Verbrennung aus Pflanzen gewonnen werden, in ihnen aber nicht originär vorliegen. Er führt an, dass sie alkalisch reagieren und mit Säuren zu schäumen beginnen, dieser Vorgang ist von der Art der Säure abhängig und wird detailliert beschrieben. Die fixen Alkali seien wasserlöslich und hygroskopisch. Sie fänden in der Seifen- und Glasherstellung Verwendung; namentlich werden Soda und Pottasche genannt. Obwohl im Titel nicht erwähnt, schließt der Abschnitt mit dem flüchtigen Alkali, das aus dem Pflanzen- oder dem

---

228 (Boerhaave 1735, S. 438–488).
229 Ebd. S. 439: „Nay, farther, when these saline Bodies are resolved into their pristine ultimate Elements, from whence they were concreted, they then seem to become perfectly volatile, and when they are separated from one another, and freed from everything else, disperse themselves about, and mix with the air."
230 Ebd. S. 440–462

Tierreich stammen kann, wobei nicht entschieden wird, ob es natürlich vorkommt oder erst durch Verwesung oder Destillation entsteht.[231]

In Boerhaaves Systematik folgen als nächstes die Säuren aller Art. Sie sollen nur im Pflanzen- und im Mineralreich vorkommen, jedenfalls kennt er keine Säure „proper to Animals".[232] Er schreibt, dass die pflanzlichen Säuren direkt in den Pflanzen vorliegen können, durch Destillation oder Verbrennung gewonnen oder während der Fermentation gebildet werden. Je nach Art der Pflanze und der Art ihrer Bildung unterscheidet Boerhaave eine Vielzahl von unterschiedlichen Säuren und beschreibt ihre Eigenschaften und ihr Reaktionsverhalten. Die Mineralsäuren sollen demgegenüber in der Natur sehr selten vorkommen und würden hauptsächlich durch trockene Destillation aber auch durch Verbrennung erzeugt. Boerhaave führt detailliert einige physikalische Eigenschaften wie Dichte oder Flüchtigkeit an und charakterisiert die chemischen Reaktionen der reinen Säuren wie auch ihrer Mischungen.

Die Anzahl der natürlichen neutralen Salze sei begrenzt; Boerhaave zählt zu dieser Gruppe: Salmiak, Kochsalz, Salpeter und Borax.[233] Die Vitriole werden an dieser Stelle nicht erwähnt, er rechnet sie nicht zu den Salzen sondern zu den „Semi-Metallen".[234] Boerhaave beschreibt, dass die natürlichen Salze des Mineralreichs durch gemeinsame Eigenschaften gekennzeichnet sind: sie sind einfache Stoffe, die sich durch ihren charakteristischen Geschmack auszeichnen. Sie seien alle gleich gut wasserlöslich, eine bestimmte Menge Wasser soll etwa das $3^1/_4$-fache des Gewichts von ihnen auflösen; außerdem seien sie hygroskopisch. Boerhaave legt dar, dass die Salze feuerbeständig sind und bei sehr hohen Temperaturen schmelzen. Bei starkem Erhitzen setzen sie einen „sauren Geist" frei. Sie bilden charakteristische Kristalle und kristallisieren unterschiedlich schnell aus. Sie sind beständig und keinem Verwesungsprozess ausgesetzt. Als letztes natürlich vorkommendes Salz wird eine unbestimmte Säure erwähnt, die von den Bergleuten in den Gruben gefunden wird.[235] Zum Abschluss dieses Abschnitts wird eine Vielzahl von Reaktionen zwischen den bisher besprochenen Salzen beschrieben: „I have but one thing more, therefore, to add, and that is, that by combining Salts with Salts in any manner whatsoever, there always arise new Salts, and new Menstruums."[236]

---

231 Ebd. S. 462.
232 Ebd. S. 463.
233 Ebd. S. 472–477.
234 Ebd. S. 33.
235 Ebd. S. 27–29.
236 Ebd. S. 481.

Das Prinzip „Salz" gehört für Boerhaave der Vergangenheit an. Er erwähnt es nur kurz, wenn er im geschichtlichen Überblick über Paracelsus schreibt. Er schreibt die Prinzipientheorie allerdings Basilius Valentinus zu und wirft Paracelsus vor, er habe sie unter eigenem Namen veröffentlicht ohne den wahren Autor zu zitieren.[237]

Boerhaave beschreibt eine klar definierte Stoffklasse, die er Salze nennt. Die Salze sind keine einheitlichen sondern zusammengesetzte Stoffe. Sie bestehen aus ihrem Salzprinzip und ihrer Basis und können danach unterschieden und klassifiziert werden. Boerhaave benennt eine Vielzahl von Eigenschaften, die für die Stoffklasse der Salze charakteristisch sind, und er beschreibt detailliert ihre Ausprägungen. Ähnlich wie Stahl rechnet er die bekannten Säuren, sowohl die Säuren pflanzlichen Ursprungs wie auch die Mineralsäuren, zu den Salzen, obwohl sie sich in vielen Eigenschaften unterscheiden. Dadurch wird die Stoffklasse ganz erheblich erweitert. Die Rückkehr zur Definition der weniger umfangreichen Gruppe von Stoffen, die Rouelle „Neutralsalze" nennt, wird im nächsten Kapitel besprochen.

---

237 Ebd. S. 13.

6. Moderne Salze: Guillaume – François Rouelle

„Je donne à la famille des sels neutres toute l'extension qu'elle peut avoir: j'appelle sel neutre moyen ou salé, tout sel formé par l'union de quelqu'acide que ce soit, ou minéral ou végétal, avec un alkali fixe, un alkali volatil, une terre absorbante, une substance métallique, ou une huile."[1] Bei Guillaume-François Rouelle (1703–1770) ist die chemische Zusammensetzung die Grundlage zur Definition der Stoffklasse der Salze geworden. Sie werden aus einer Säure mit vielen möglichen Reaktionspartnern gebildet; die Metalle sind dabei nicht ausgenommen. Salze bestehen aus einem Säure- und einem Basenrest.

Rouelles Leben und Werk sind wenig studiert worden, und er wird häufig auf seine Rolle als Lehrer Lavoisiers reduziert.[2] Er wurde in Mathieu, einem kleinen Ort im Département Calvados geboren. Er besuchte zunächst die Universität in Caen und studierte Medizin, Pharmazie und Chemie. Anschließend ging er nach Paris und führte seine chemischen und pharmazeutischen Studien im ehemaligen Labor von Lémery weiter, das von dessen Nachfolger, dem deutschen Apotheker Johann Gottlob Spitzley (1690–1750), geleitet wurde. Rouelle ließ sich als Apotheker in Paris nieder und begann, öffentliche Vorlesungen in Chemie zu halten. Seine Vorlesungen fanden große Beachtung und verschafften ihm hohe Anerkennung. Aus diesem Grund wurde er 1742 als „démonstrateur" an den „Jardin du Roi" berufen. Er wurde als Lehrer einer ganzen Generation französischer Chemiker einer der bekanntesten Wissenschaftler seiner Zeit. Rouelle trug außerordentlich zur Popularisierung der Chemie in Frankreich bei, ja er machte sie volkstümlich, da zu seinen Hörern breite Schichten der Gesellschaft zählten;[3] und dies zu einer Zeit, als der Chemiker Venel (1723–1775) in der „Encyclopédie" den mittelmäßigen Zustand der Chemie beklagte.[4] Seine Vorlesungen waren trotz seiner schlechten rhetorischen Fähigkeiten und seiner Angriffe gegen Kollegen sehr beliebt, der härteste Ausdruck in seinem

---

1 (Rouelle 1744, S. 353).
2 (Rappaport 1960, S. 68).
3 (McKie 1953, S. 131).
4 (Venel 1751–1772, S. 408).

Wortschatz war „Plagiator"![5] Sehr geschickt verband Rouelle den stufenweisen Aufbau der Materie und die Phlogistontheorie von Stahl mit Boerhaaves Ansicht von den Elementen als Instrumente.[6]

Rouelle hat keine eigene größere Monographie geschrieben. Seine Bedeutung für die Chemie besteht in fünf Publikationen in den Mémoires de l'Académie Royale des Sciences über die Salze, deren wichtigste die Definition anhand der Zusammensetzung enthält. Partington bespricht die Definition Rouelles ausführlich, stellt sie jedoch als nicht originär dar.[7] Er sieht sie als Weiterführung der Ansichten Rothes[8] und lässt offen, ob Rouelle die französische Übersetzung von Rothes Lehrbuch gelesen hat. Holmes dagegen schreibt ausführlich über Hombergs Ansichten von den Mittelsalzen[9] und erwähnt Rouelle nur beiläufig, was bereits von Franckowiak kritisiert wird.[10] Viele Historiker sehen jedoch die Definition Rouelles als grundlegend für die moderne Chemie an.[11] Sie muss in ihrer Allgemeinheit als die im 18. Jahrhundert abschließende Formulierung angesehen werden, was auch Franckowiak in seiner Dissertation bestätigt.[12] Der oftmals als Begründer der neuzeitlichen Chemie gefeierte Antoine Laurent de Lavoisier sieht die Definition der Mittel- oder Neutralsalze im Vorwort zu seinen „Elements of Chemistry" als abgeschlossen an und würdigt sie als Leistung seiner Vorgänger.[13] Die Salzchemie gehört zu denjenigen Gebieten, auf denen bereits vor Lavoisier große Fortschritte gemacht und die durch die Veränderung der Verbrennungstheorie nicht berührt worden sind.[14]

---

5   (McKie 1953, S. 132).
6   (Lehmann 2009).
7   (Partington 1998, Band 3, S. 74).
8   (Rothe 1739, S. 127): „Aus der Vereinigung der acidorum mit den alcalicis entstehen die salsa."
9   Vgl. : (Holmes 1989, S. 35 f.).
10 (Franckowiak 2002, S. 14): „il [Holmes] a cependant omis d'analyser les travaux de Guillaume-Francois Rouelle"
11 S. Einleitung.
12 (Franckowiak 2002, S. 450): „Nous pouvons affirmer (avec assurance). que Rouelle en 1744, marque l'étape suivante dans l'histoire du sel chimique."
13 (Lavoisier 1799, S. xxxiii): „The second part is composed chiefly of tables of the nomenclature of the neutral salts. To these I have only added general explanations, the object of which is to point out the most simple processes for obtaining the different kinds of known acids. This part contains nothing which I can call my own, and presents only a very short abridgement of the results of these processes, extracted from the works of different authors."
14 Vgl. (Holmes 1989, Preface von J. L. Heilbron).

Rouelle will seine Definition der Neutralsalze möglichst allgemein und umfassend festlegen. Er beklagt sich, dass viele Chemiker seiner Zeit den Begriff nur für wenige Stoffe verwenden.[15] Er benutzt die Bildung der Salze und damit ihre Zusammensetzung als einziges Kriterium für die Definition der Neutralsalze. Er beschreibt, dass zu ihrer Herstellung zum einen eine Säure benötigt wird, und dies kann sowohl eine Mineralsäure als auch eine organische Säure sein, die aus pflanzlichem Material gewonnen wird. Säuren aus dem Tierreich, wie zum Beispiel die Ameisensäure, sind zu dieser Zeit nicht bekannt oder werden nicht dem Tierreich zugerechnet.[16] Zum anderen wird zur Bildung etwas benötigt, das wir heutzutage als Basenrest bezeichnen. Dieser kann nach Rouelle aus fixem Alkali, flüchtigem Alkali, einer absorbierenden Erde, einer metallischen Substanz oder einem Öl bestehen.

Rouelle sieht die auf diese Art und Weise durch ihre Zusammensetzung definierten Salze als eine eigene Stoffklasse an, die sich durch ähnliches Aussehen und gemeinsame Eigenschaften auszeichnet.[17] Als erste Eigenschaft beschreibt er die generelle Wasserlöslichkeit und versucht, eine theoretische Erklärung für diese Erscheinung zu geben. Die zweite Gemeinsamkeit der Salze besteht in ihrem Vermögen, Kristalle zu bilden, und er beschreibt drei verschiedene Methoden wie man eine wässrige Lösung eindampfen kann. Die Kristalle erkennt er als geometrische Körper mit regelmäßigen symmetrischen Formen. Er beobachtet, dass Kristalle Kristallwasser enthalten können.

Das Kristallisationsverhalten und die Kristallform der Salze benutzt Rouelle dann als Einteilungs- und Klassifizierungsschema.[18] Er teilt die Klasse der Salze in sechs Sektionen ein. Jede Sektion unterteilt er in vier Gattungen gemäß ihrem Säurerest, er unterscheidet dabei Sulfate, Chloride, Nitrate und die Salze organischer Säuren. Jeder Gattung ordnet er dann als Art die einzelnen Salze zu. Die Kristalle der ersten Sektion bestehen aus dünnen, vereinzelten Schuppen, die der zweiten

---

15 (Rouelle 1744, S. 353): „La plûpart des Chymistes ne donnent le nom de Sel neutre moyen ou salé, qu'à un très-petit nombre de Sels."
16 Vgl. (Boerhaave 1735, S. 462 f.).
17 (Rouelle 1744, S. 353): „Je joins ensemble toutes ces substances salines, & je les unis en seule classe, parce qu'elles ont des figures & des propriétés qui leur sont communes."
18 Ebd. S. 357: „Il est donc essentiel ou plûtôt absolument nécessaire, si l'on veut faire quelque progrès sur la théorie de la crystallisation des sels, non seulement de les biens distinguer les uns des autres, mais même de les rapprocher suivant leurs propriétés communes: j'ai donc cru qu'il falloit les unir ou les diviser par sections à la manière des Naturalistes, & ce suivant les figures, les propriétés communes ou différentes qu'ils présentent dans la crystallisation."

aus würfel- oder pyramidenförmigen Einzelkristallen. Die dritte Sektion besteht wiederum aus Einzelkristallen, deren Form eine Vielzahl von regelmäßigen Körpern sein kann, wie Tetraeder, Rhomboeder o.a. Die Kristalle der vierten Sektion beschreibt Rouelle als abgeflachte Parallelepipede und die der fünften als lange Nadeln, die sich jeweils in Büscheln oder Quasten zusammenlagern. In die sechste und letzte Sektion werden kleine kurze Nadeln eingeordnet, die sehr ungeordnet und unübersichtlich auskristallisieren. Auf diese Art und Weise kann Rouelle eine Vielzahl von Salzen einordnen und klassifizieren.

Rouelle hat sich auch in seinen weiteren Publikationen mit der Stoffklasse der Salze beschäftigt. Er bezeichnet auch die bisher Alkali genannten basischen Carbonate als Salze. Genauer untersucht er die sauren Salze und erkennt, dass diese nicht aus einem Neutralsalz mit einem Überschuss an Säure bestehen.[19] Seine Zusammenfassung der Salze in einer Klasse von Stoffen auf Grund ihrer Herstellung bzw. Zusammensetzung hat die Zeiten überdauert. Sie ist erst im 19. und 20. Jahrhundert durch die Art der Bindung ergänzt und an die zweite Stelle verdrängt worden. Die große Wasserlöslichkeit der meisten Salze wird auch heute noch als eine der typischen Salzeigenschaften gesehen. Dagegen ist die Ausbildung von Kristallen in verschiedenen Formen nicht auf die Salze zu beschränken, viele andere Substanzen kristallisieren in regelmäßigen Formen. Die Klassifizierung nach bestimmten Merkmalen ist aber eine Erscheinung, die durch den Zeitgeist der Aufklärung besonders gefördert wurde, da sie eine systematische Ordnung ergibt.

---

19   Vgl. (Partington 1998, Band 3, S. 74 f.).

7. Entwicklungslinien

7.1 Das Prinzip „Salz"

Wie beschrieben, lassen sich mehrere Aspekte des Begriffs „Salz" unterscheiden:
- Kochsalz als Ursubstanz, aus der alle Stoffe entstehen,
- Salz als immaterielles oder materielles Prinzip, als Träger und Vermittler von Eigenschaften aller Stoffe,
- Kochsalz als Namensgeber für eine Gruppe von Stoffen,
- Salz als Einzelsubstanz einer Stoffklasse, mit verschiedenen Ansätzen zur Definition der Zugehörigkeit.

Die einzelnen Aspekte haben sich im betrachteten Zeitraum unterschiedlich entwickelt. Zur leichteren Darstellung dieser Entwicklung werden zwei Aspekte zunächst separat betrachtet, auch wenn sie für die einzelnen Autoren eine zusammenhängende, fest miteinander verwobene Einheit gebildet haben. Als erstes soll die Verwendung des Begriffs als Prinzip untersucht werden.

Die Beobachtung der Natur hatte Aristoteles zur Einführung der vier Elemente geführt, mit denen er die Grundlage der stofflichen Welt beschrieb. Diese Elemente ergaben ein in sich geschlossenes logisches Konzept, das sich jedoch im Laufe der Zeit zur Erklärung von chemischen Vorgängen und Versuchen als nicht ausreichend erweisen sollte. Zur Beschreibung der Verbrennung und insbesondere zur Deutung der Vorgänge bei der trockenen Destillation von Stoffen wurde eine andere theoretische Grundlage benötigt. Bei Paracelsus finden wir die Theorie der Prinzipien zum ersten Mal in einheitlicher Form, auch wenn er sie auf viele Schriften verteilt und unsystematisch dargestellt hat. Die Prinzipien müssen bei Paracelsus als Wirkprinzipien verstanden werden. Sie sind die Träger von Eigenschaften, die sie den Stoffen verleihen. Sie besitzen sowohl eine materielle wie auch eine immaterielle Dimension. Die makroskopischen Eigenschaften der Salze werden als Grundeigenschaften aller Materie definiert und das Prinzip „Salz" verleiht den Körpern bestimmte Qualitäten. Der Salzbegriff bekommt durch Paracelsus eine vollkommen neue Dimension.

In der „Alchemia" von Libavius ist die „tria prima" Lehre von Paracelsus unverändert übernommen worden, allerdings komprimiert und leichter fasslich dargestellt. Die Prinzipien werden als Kräfte bezeichnet, die auf die Materie einwirken und ihr ihre Eigenschaften verleihen. Dabei werden „[sie] jedoch alle nicht gänzlich materiell verstanden"[1]. Das wirkende Prinzip mit der Verleihung von Eigenschaften steht im Vordergrund, obwohl Libavius Verfahren zur stofflichen Reindarstellung beschreibt. Auch Thölde folgt der Lehre von Paracelsus ohne große Veränderungen. Bei ihm steht aber nicht so sehr die Hervorbringung von Eigenschaften der Stoffe im Vordergrund als vielmehr der Prozess der Entstehung durch die Geburt und das Wachsen aller Dinge. Die Prinzipien sind der Samen zur Erzeugung der Stoffe und ihrer Charakteristika.

Die erste Veränderung der paracelsischen Prinzipienlehre finden wir bei Glauber in seinem „Tractatus de natura salium". Er bezeichnet Quecksilber als einfaches Metall und führt an seiner Stelle als Prinzip das „Wasser" ein. Das „Salz" wird zudem als Urprinzip definiert, aus dem die anderen Prinzipien entstanden sind. Dieses Urprinzip erhält bei Glauber allerdings schon einen sehr materiellen Charakter und wird an vielen Stellen des Buchs mit dem Kochsalz gleichgesetzt. Das Kochsalz ist das stoffliche Prinzip, aus dem sich die anderen Salze durch Beimischungen entwickelt haben. Die Eigenschaften der stofflichen Dinge werden weniger durch verschiedenartige Einwirkungen von Prinzipien erzeugt als durch unterschiedliche Mischungsgrade. Der metaphysische Charakter der Prinzipien wandelt sich bereits in quantitative Beziehungen.

Mit der fortschreitenden Erfahrung in chemischen Prozessen wird eine Erweiterung der „tria prima" notwendig. Die trockene Destillation kann besser beschrieben werden, wenn man drei flüchtige Fraktionen unterscheidet und den Rückstand in zwei feste Gruppen aufteilt. In der Auswahl von Büchern für diese Arbeit ist die Erweiterung der „tria prima" auf fünf Prinzipien zuerst bei Nicolas Le Fèvre in seinem „Neuvermehrten chymischen Handleiter" beschrieben. Die fünf Prinzipien werden einerseits weiterhin als Eigenschaften verleihende Wirkprinzipien beschrieben. Andererseits gewinnt aber die Auftrennung von Stoffen oder Stoffgemischen durch die Destillation größeres Gewicht. Der Begriff Prinzip wird an vielen Stellen mit dem eines Elements gleichgesetzt. Die fünf Prinzipien oder Elemente sind gleichförmige Dinge, die durch die chemische Operation der Destillation nicht mehr weiter teilbar sind.

Dieser Dualismus in der Bedeutung des Begriffs Prinzip findet sich bei Nicolas Lémery in seinem „Cours de Chymie" mit verändertem Schwerpunkt wieder. In diesem Lehrbuch werden die Prinzipien zunächst als theoretische Wirkprinzipien beschrieben, die den Stoffen ihre Eigenschaften verleihen. Die korpuskulartheoretische Sicht der Natur lässt sich allerdings schwerlich mit dieser Art von Prinzipientheorie verbinden. Deshalb erhält das Resultat der Destillation größeres

---

1 (Libavius 1964, S.315).

Gewicht, und die abgetrennten Substanzen werden als Prinzipien bezeichnet. Sie sind mit chemischen Mitteln nicht mehr teilbar. Auch wenn Lémery das Wort Element nicht verwendet, so wird doch deutlich, dass er die Prinzipien in dem Sinne interpretiert, den Lavoisier später seinem Elementbegriff zukommen lässt.

In den „Nützlichen Observationes" beschreibt Johann Kunckel die fünf Prinzipien ausschließlich als wirkende Größen, die den Stoffen ihre Eigenschaften verleihen. Er stellt allerdings eine eigene Hierarchie der Prinzipien auf, indem er „Salz" und „Wasser" als primäre und „Quecksilber", „Schwefel" und „Erde" als sekundäre Prinzipien klassifiziert. Wie bereits erwähnt muss an dieser Stelle offen bleiben, aus welchen Gründen Kunckel die bei Le Fèvre und Lémery beschriebene Weiterentwicklung der Definition nicht übernommen hat.

Kunckels Monographie ist das letzte der untersuchten Bücher, in dem die Prinzipienlehre dargestellt wird. In den beiden betrachteten Büchern des 18. Jahrhunderts wird sie nicht mehr erwähnt. Wenn Ernst Georg Stahl und Herman Boerhaave den Begriff Prinzip überhaupt verwenden, so hat er einen anderen Sinninhalt. Das Salz hat als Prinzip seine Kraft verloren, mit der es in den Stoffen Beständigkeit, Festigkeit und Zusammenhalt bewirkt und ihnen Geschmack und Aussehen verleiht.

7.2 Die Stoffklasse der Salze

Schon in der Antike wurde die Ähnlichkeit einer Reihe von Stoffen zum Kochsalz erkannt. Man bezeichnete sie als Salze, „mehr indeß, weil man ihre wesentliche Verschiedenheit von demselben nicht kannte, als wegen der bewußten Erkenntniß einer gewissen Analogie zwischen ihnen."[2] Hauptkriterium für diese Analogie war die Wasserlöslichkeit, wobei daneben das Aussehen und der Geschmack eine Rolle spielten. In der Frühen Neuzeit war man sich der Unterschiede zwischen den einzelnen Stoffen der Klasse jedoch bewusst und beschrieb sie anhand verschiedener Kriterien.[3] Schon am Anfang der Periode wurde versucht, salzartige Substanzen einzuteilen und zu ordnen. Hickel hat die Systematisierungsversuche von Georgius Agricola (1494–1555), Christoph Entzelt (Enzelius) (1517–1583) und Andrea Cesalpino (Caesalpinus) (1519–1603) in Tabellenform übertragen. Diese beruhen nach antikem Vorbild auf der Art der Gewinnung, den wahrnehmbaren Eigenschaften sowie dem Verhalten im Feuer.[4]

---

2 (Kopp 1843 bis 1847, Teil 3, S. 2).
3 Vgl. (Hickel 1965, S. 3).
4 Ebd. S. 7–12.

Libavius benutzt den Begriff Salz für eine Reihe von Stoffen neben dem Kochsalz, ohne ihn allerdings explizit zu definieren. Er beschreibt die Wasserlöslichkeit der Salze und weiß, dass viele von ihnen hygroskopisch sind. Zur Reinigung der Salze wird das Umkristallisieren empfohlen. Die bessere Löslichkeit der Salze in heißem Wasser, das Auskristallisieren aus gesättigten Lösungen und die Durchsichtigkeit der erhaltenen Kristalle werden als Merkmale für die Salze angesehen.

Grundlage für die Stoffklasse der Salze ist bei Thölde die gemeinsame Geburt aus einem Urprinzip. Danach werden sie nach den drei Reichen der Natur in drei „Gradus" aufgeteilt und anschließend in vielerlei „Geschlechter" differenziert.[5] Das gemeinsame Kriterium aller Salze ist ihr Geschmack, dessen Verschiedenartigkeit sich gut zur Beschreibung der einzelnen Stoffe verwenden lässt. Wasserlöslichkeit und Kristallisation werden nicht besonders erwähnt, vielleicht setzt der Pfannherr Thölde dieses Wissen als selbstverständlich voraus. Neben diesen Eigenschaften beschreibt bereits Thölde ein weiteres Kriterium für die Salze, das auf eine Gemeinsamkeit in ihrer Zusammensetzung hinweist: beim trockenen Erhitzen liefern sie einen „scharfen spiritus". In den untersuchten Schriften taucht eine Kategorisierung aufgrund dieses Kriteriums erstmalig bei ihm auf.

Für Glauber ist das Kochsalz die Grundlage aller Dinge und nicht nur für die Stoffklasse der Salze. Die einzelnen Salze entstehen aus dem Urprinzip durch eine Vermischung mit den anderen Prinzipien oder durch Verunreinigung. In dem „Tractatus de natura salium" erwähnt er weder weitere Kriterien zur Charakterisierung der Stoffklasse noch die Herstellung von Säuren aus den verschiedenen Salzen. Beides dürfte jedoch zum Alltag seiner Arbeit gehört haben.

In Le Fèvres Lehrbuch wird eine Zweiteilung der Kriterien zur Definition der Stoffklasse deutlich. Zum einen werden verschiedene Eigenschaften definiert, die allen Salzen gemeinsam sind. An erster Stelle des Eigenschaftskatalogs ist die Wasserlöslichkeit zu nennen, die Le Fèvre explizit zur Grundlage seiner Definition für die Stoffklasse macht.[6] Weitere gemeinsame Eigenschaften aller Salze sind ihr typischer Geschmack und die Bildung von Kristallen nach dem Eindampfen der Lösung. Zum anderen tritt neben das Umkristallisieren das Ergebnis eines weiteren operativen chemischen Prozesses: die Säurebildung durch die Einwirkung des Feuers. Die Bildung von Säuren während der trockenen Destillation wird neben den Eigenschaften zur zweiten Grundlage für die Kategorisierung der Salze. Le Fèvre beschreibt diesen chemischen Prozess ausführlich und bespricht die Resultate detailliert.

---

5   (Thölde 1992, S. 54 f.).
6   (Le Febure 1685, S. 929).

Bei Lémery steht das Kriterium der Bildung bzw. der Zusammensetzung für die Stoffklasse der Salze bereits an erster Stelle. Er beschreibt ein Ursalz als Grundlage für alle Salze. Dieses entsteht aus einem „liqueur acide" und aus Stein bzw. Erde.[7] Das gleiche Entstehungsprinzip gilt für alle anderen Mineralsalze; sie werden ganz allgemein in einer Reaktion von Säuren mit Erde, Stein oder Alkali gebildet. Bei den Metallen wird die Säure nach Lémery allerdings nur eingelagert, und die Reaktion führt nicht zur Bildung echter Salze. Lémery beschreibt die bekannten Eigenschaften der Salze, benutzt sie aber nicht zur Definition der Stoffklasse.

Stahl arbeitet in seiner Monographie „Ausführliche Betrachtung und zulänglicher Beweis von den Saltzen" die zweigeteilte Definitionsgrundlage weiter aus. Alle Salze sind zusammengesetzte Stoffe, die aus der Reaktion einer Säure mit einem Metall, einem Alkali oder einer Kreide entstehen. Daneben beschreibt Stahl die physikalisch-chemischen und die sensorischen Eigenschaften der Stoffklasse detailliert und benutzt sie zur Unterscheidung der Einzelstoffe. An Kriterien werden der Geschmack, die Wasserlöslichkeit, die Hygroskopizität, der kristalline Charakter und die Feuerbeständigkeit herangezogen.

Die zweigeteilte Definition für die Stoffklasse der Salze ist bei Boerhaave zum Standard geworden. Alle Salze bestehen aus ihrem Salzprinzip und ihrer Basis. Allerdings erweitert er die Stoffklasse und rechnet die pflanzlichen und die mineralischen Säuren hinzu. Die bekannten physikalisch-chemischen und sensorischen Beschreibungen sind die gleichen wie bei Stahl, Boerhaave wendet sie jedoch nur auf die wenigen natürlichen Neutralsalze an.

Den Abschluss für die Definition der Stoffklasse bildet in dieser Arbeit die Ausführung von Rouelle. Sie ist das Endergebnis eines lange währenden Entwicklungsprozesses und beruht auf den Vorarbeiten anderer Chemiker, insbesondere aber auf den Arbeiten der Vorgänger Rouelles an der Académie Royale des Sciences.[8] Die Neutralsalze bestehen aus einem Säurerest, der mineralischer oder pflanzlicher Natur sein kann, und einem Basenrest aus fixem oder flüchtigem Alkali, aus einer absorbierenden Erde oder aus einem Öl. Neben dieser primären Definition beschreibt Rouelle die bekannten physikalisch-chemischen Größen und benutzt die Kristallform als Einteilungsmerkmal für sein Klassifizierungsschema. Diese Definition überdauert das 18. Jahrhundert und wird in der Terminologie Lavoisiers übernommen.

Klein und Lefèvre besprechen Klassifizierungen an Hand der Zusammensetzung für chemische Reinstoffe im 18. Jahrhundert und legen dar, dass eine Abkehr

---

7 (Lémery 1696, S. 12).
8 (Franckowiak 2002, Kapitel III A und B).

von der Einteilung mittels wahrnehmbarer Eigenschaften in Verbindung mit der Herkunft der Stoffe aus den drei Reichen der Natur zu Beginn dieses Jahrhunderts stattgefunden hat.[9] Diese Arbeit liefert für die Salze ein differenzierteres Bild. Die letztendliche Klassifizierung der Stoffgruppe durch Rouelle sowie die Vorarbeiten an der Académie Royale des Sciences fanden in der ersten Hälfte des 18. Jahrhunderts statt, wie es von Klein und Lefèvre beschrieben wird. Aber bereits mit Thölde beginnt ein ganzes Jahrhundert zuvor die Entwicklung, Reaktionsprodukte bei der trockenen Destillation von Salzen zur Definition des Begriffs heranzuziehen. Dieses Bestreben wird bei Le Fèvre und Lémery in verstärkter Form vorgefunden. Lémery liefert außerdem ein weiteres Beispiel für die Betrachtung des Aufbaus von Substanzen, wenn er die Vitriole nicht zu den Salzen zählt, weil die Säure nur in den Poren des Metalls eingelagert sei. Die letztendliche Klassifizierung an Hand der Zusammensetzung ist bei den Salzen zwar ein Produkt des 18. Jahrhunderts, der langandauernde Weg dahin sollte aber nicht unerwähnt bleiben.

Auch heutzutage werden die Salze, wie im lexikalischen Überblick beschrieben, immer noch durch ihre Zusammensetzung und ihre gemeinsamen physikalisch-chemischen Eigenschaften beschrieben. Zwar haben sich die verwendeten Fachausdrücke verändert, der Grundgedanke der Bildung aus Säure- und Basenrest hat jedoch die Zeiten überdauert. Gleiches trifft für die physikalisch-chemischen Eigenschaften zu. Die Beurteilung durch die menschlichen Sinne ist dabei durch Messinstrumente erweitert und ersetzt worden. Neue und verfeinerte Methoden erlauben eine immer genauere Beschreibung; der Grundgedanke ähnlicher, durch die Sinne erfassbarer Eigenschaften bleibt jedoch bestehen. Einzig die Ionenbindung, als zurzeit definitives Einteilungskriterium, ist hinzu getreten. Dies wurde erst durch die genaueren Kenntnisse des Atomaufbaus im 20. Jahrhundert ermöglicht.

7.3 Vom immateriellen Prinzip zur materiellen Zusammensetzung

Am Beispiel der Salze werden die Grundlagen zur Bildung von übergeordneten Begriffen deutlich. Zuerst werden bestimmte Eigenschaften betrachtet, die allen Mitgliedern der Gruppe gemeinsam sind, deren Ausprägung aber für die einzelnen Stoffe unterschiedlich sein kann. Dieser Eigenschaftskatalog ist mehr oder weniger umfangreich und wird mit zunehmender Kenntnis des Gebiets präzisiert. Ein zweites Kriterium ist dann ein gleiches oder ähnliches Verhalten in operationalen

---

9 (Klein 2007, S. 72).

Prozessen. Anfangs wird in der Chemie überwiegend die Einwirkung des Feuers auf die Stoffe untersucht. Verschiedene Hitzegrade werden definiert und die sich zeigenden Veränderungen sowie die entstandenen Produkte als Grundlage zur Systematisierung verwendet. Und last but not least sind ein gemeinsamer Ursprung sowie die Gemeinsamkeit eines wirkenden Prinzips oder trägerhaften Stoffes von Bedeutung. Urstoffe werden benannt, aus denen die anderen Mitglieder der Stoffklasse durch Wachsen und Veränderung oder durch Vermischen mit anderen Prinzipien hervorgegangen sein sollen.

Der Begriff Salz diente seit alters her als Ordnungs- und Klassifizierungskriterium in der stofflichen Natur. Neben den Metallen war dies die wichtigste Stoffgruppe. Als übergeordneter Begriff waren die Salze zunächst durch eine Summe gemeinsamer Eigenschaften charakterisiert. An erster Stelle standen dabei die Wasserlöslichkeit, das Aussehen und der Geschmack. Der gemeinsame Eigenschaftskatalog für die Salze wurde im Laufe der Zeit erweitert und konkretisiert. Mehr und mehr Kriterien wurden untersucht und standen zur Klassifizierung zur Verfügung. Es wurde eine Vielzahl genauerer Untersuchungen durchgeführt und eine stufenweise Präzisierung erreicht. Der Fortschritt in der Chemie wird an dieser Stelle besonders deutlich. Je nach Ausbildung, Tätigkeitsfeld und Interesse der einzelnen Chemiker stand dabei die eine oder andere Eigenschaft im Vordergrund und wurde detailliert beschrieben. Daneben gewann aber auch der operationale Prozess des Umkristallisierens im Laufe der Zeit mehr Gewicht für die Klassifizierung.

Im 16. Jahrhundert wurde der Begriff Salz dann in einer anderen Bedeutung verwendet. Dem in die Kritik geratenen aristotelischen Elementkonzept wurde durch die Lehre der „tria prima" begegnet. Sowohl der Naturvorgang der Verbrennung wie auch die trockene Destillation im Labor konnten so leichter beschrieben werden. In den ersten Formulierungen durch Paracelsus stand bei den Prinzipien neben dem materiellen der immaterielle Charakter im Vordergrund. Sie waren die Verleiher von Eigenschaften und wirkten in den natürlichen Stoffen. Sie wurden auch als Kräfte[10] bezeichnet, die den Dingen ihre Erscheinungsform verleihen. Die Möglichkeit zu ihrer stofflichen Reindarstellung blieb zunächst offen.

Des Weiteren wurde die Entstehung der stofflichen Dinge durch die Rückführung auf ein einziges Urprinzip diskutiert, dessen Stelle das Salz einnehmen sollte. Die gesamte stoffliche Welt oder bei anderen Autoren zumindest die Salze sollten aus dem gemeinsamen „Ursalz" entstehen. Durch Umwandlung in sekundäre

---

10 Anm.: „Kraft" darf an dieser Stelle nicht mit dem heutigen physikalischen Begriff gleichgesetzt werden.

Prinzipien, durch Wachsen und Gedeihen oder durch Mischungsvorgänge wurde dann die Vielheit der Dinge erklärt.

Im Verlauf des 17. Jahrhunderts trat der materielle Charakter der Prinzipien mehr und mehr in den Vordergrund. Zwar beschrieben die in dieser Arbeit untersuchten Autoren in ihren Büchern zunächst die paracelsische Grundlage der Wirkprinzipien. Dabei verloren sich aber sowohl die immaterielle Seite der Prinzipien als auch ihre Funktion als Eigenschaftsträger; eine stofflich orientierte Charakterisierung trat an ihre Stelle. Die neuplatonischen Gedanken des Entstehens und Wachsens der Stoffe traten in den Hintergrund und wurden durch die Beschreibung chemischer Operationen ersetzt. Die Prinzipien wurden zur Deutung der Vorgänge bei der trockenen Destillation benutzt.

Die genauere Kenntnis der Auftrennung von stofflichen Dingen durch die trockene Destillation führte zur Erweiterung der Anzahl der Prinzipien. Der flüchtige Anteil und der verbleibende Rückstand wurden in fünf Endprodukte eingeteilt. Diese konnten durch eine chemische Operation nicht weiter aufgetrennt werden, wobei zu Anfang des 17. Jahrhunderts die Wirkung des Feuers im Vordergrund stand. Es entstand eine Deutung der Prinzipien als Elemente, die durch die Einwirkung der Chemiker definiert waren; sie stellten nicht mehr die absolute und unteilbare Grundlage der stofflichen Dinge dar.

Bei der trockenen Destillation der Stoffe, die man zur Klasse der Salze rechnete, konnte jedoch eine Aufspaltung des Elementprinzips Salz erreicht werden. Dabei wurde die entstehende Säure zunächst als Salzprinzip bezeichnet. Allerdings zeigte es sich recht schnell, dass durch die Reaktion der Säure mit anderen Stoffen die Ausgangssubstanz zurückerhalten werden konnte. Außerdem trat neben den chemischen Prozess der trockenen Destillation mehr und mehr die Untersuchung von chemischen Vorgängen in wässriger Lösung. Säuren konnten mit Salzen und Salze mit Salzen reagieren. Den Salzen musste die Eigenschaft eines elementaren Prinzips abgesprochen werden. Der erste Schritt zur Definition der Stoffklasse anhand ihrer Zusammensetzung war getan.

Die Zusammensetzung der Salze wurde intensiv untersucht. Die Reindarstellung der Säuren erhielt ihre Bedeutung nicht nur aus chemietheoretischen sondern auch aus wirtschaftlichen Gründen. Allerdings erscheint es aus chemischer Sicht übertrieben, einen Übergang vom Prinzip „Salz" zur „Säure" als Basis für eine Theorie der Materie zu sprechen.[11] Stahl hat zwar die Schwefelsäure als grundlegendes Säureprinzip angesehen, aber sie wurde nicht zur fundamentalen

---

11 (Roos 2007, S. 8): „To examine this intellectual transition from a salt to an acidic "saline spirit" as a vitalist generator of matter in England …"

Triebkraft aller Naturprozesse, wie es Roos[12] in Anlehnung an Multhauf[13] behauptet. In medizinischer und physiologischer Hinsicht mag demgegenüber von einem derartigen Bedeutungswechsel gesprochen werden.

Eine Vielzahl von chemischen Reaktionen zwischen den Säuren und anderen Stoffen wurde beschrieben und die Endprodukte identifiziert. Die Reaktionsprodukte von Säuren mit Salzen und von Salzen miteinander verfeinerten das Wissen um die Zusammensetzung. Das operationale Prinzip ihrer Herstellung und daraus folgend ihre Zusammensetzung wurde zur Grundlage für die Definition der Stoffklasse. Die Entwicklung des Begriffs Salz hatte ihr vorläufiges Ende gefunden. Die „chemische Revolution" Lavoisiers lieferte auf diesem Gebiet keinen weiteren Beitrag. Die Betrachtung der chemischen Bindung und ihre Einführung als Grundlage der Definition blieben späteren Zeiten vorbehalten.

Die Entwicklung des Begriffs Salz ist in mehreren einzelnen Dimensionen analytisch betrachtet und ihre Verflechtung zu einem gemeinsamen Strang beschrieben worden. Anhand der ausgewählten Bücher ergibt sich das Bild einer kontinuierlichen Weiterentwicklung dieses Teilgebiets der Chemie. Selbstverständlich ist diese Kontinuität nicht vollkommen bruchfrei und könnte durch den Einbezug weiterer Schriften gestört werden. Nichts desto trotz bleibt aber festzuhalten, dass keine sprunghafte Veränderung innerhalb eines kurzen Zeitraums gefunden werden konnte. Die Einzelentwicklungen sind in sich schlüssig und werden hauptsächlich durch den sich erweiternden Kenntnisstand der Chemiker bestimmt. Theoretische Überlegungen werden mehr und mehr mit empirischen Beobachtungen und Versuchen zur Deckung gebracht.

Die kontinuierliche Weiterentwicklung des Begriffs widerspricht der Interpretation Franckowiaks, der einen Paradigmenwechsel durch die Arbeiten der Chemiker an der „Académie Royale des Sciences" zu Anfang des 18. Jahrhunderts sieht. Bei ihm überwiegt im 17. Jahrhundert der metaphysische Aspekt des Salzes. Ausgehend von den Ansichten des Blaise de Vignère (1523–1596) stellt er den Prinzipienaspekt des Salzes während des gesamten Jahrhunderts in den Vordergrund,[14] Franckowiak spricht von *dem Salz* im Singular. Nach meiner Meinung ist dies

---

12   Ebd. S. 108: „Belief in the salt principle diminished, and there was growing interest in the idea of a universal acid as the basic mover in processes of nature; it was usually identified as sulphuric acid."
13   (Multhauf 1978, S. 130).
14   (Franckowiak 2002, S. 326): „Conformément à son origine, est Sel, strictement parlant pour les auteurs de manuel chimic au XVIIc siècle, le Sel principe; les autres objets chimiques dénommés de la même manière ne l'ont été que par abus ou facilité de langage"

eine starke Überbetonung des Prinzipienaspekts. Die Salze als Gruppe von Stoffen waren nicht nur sehr gut bekannt sondern sie wurden intensiv in den Labors untersucht und in der Praxis verarbeitet. Selbstverständlich gab es eine enge Verwobenheit zwischen den verschiedenen Aspekten, wobei der metaphysische Aspekt des Salzes während des gesamten Jahrhunderts langsam aber sicher durch die empirischen naturwissenschaftlichen Erkenntnisse abgelöst wurde.

Der Paradigmenwechsel findet nach Franckowiaks Meinung durch die Arbeiten Hombergs statt. Er bezieht sich dabei insbesondere auf zwei Publikationen in den Mémoires de l'Académie Royale des Sciences aus den Jahren 1702 und 1708, an Hand derer er den Wechsel von Hombergs Ansicht illustriert.[15] Der metaphysische Aspekt des Salzes verschwindet schlagartig, aus *dem Salz* werden *die Salze*.[16] Anhand der in dieser Arbeit untersuchten Schriften ist festgestellt worden, dass der Prinzipienbegriff in den beiden untersuchten Büchern des 18. Jahrhunderts nicht mehr verwendet wird. Dies stimmt zumindest zeitlich mit der Ansicht Frankkowiaks überein. Er hat die Arbeiten Hombergs einer sehr genauen Betrachtung unterzogen und gründet darauf seine Ansicht. Da er ausschließlich französischsprachige Bücher ausgewertet hat, bleibt offen, ob es eine gleichzeitige Entwicklung bei anderen Autoren in anderen Ländern gegeben hat.

Die Übereinstimmung bezieht sich aber nur auf den zeitlichen Aspekt. Franckowiak begründet den Paradigmenwechsel mit der Definition Hombergs für den Begriff Prinzip, wenn er schreibt: „Homberg est l'initiateur d'un changement profond dans la manière d'appréhender les sels. Sa définition des principes de la chimie représentant des substances concrètes indécomposables et extraites des corps mixtes, jointe à l'extension de son concept de sel moyen, a détourne les chimistes de la recherche du vrai sel principe inaccessible."[17] Hombergs Definition des Prinzips[18] beruht jedoch auf der bereits von Le Fèvre gelegten Grundlage, die Lémery anschließend so eindeutig formuliert hat.[19] Und Hombergs Konzepte des „sel moyen" und des „sel mixte", die Zusammensetzung aus Säure- und Basenrest, ist bereits in den Anfängen von Thölde angesprochen und im Verlauf des Jahrhunderts mehr und mehr untersucht und präzisiert worden. An keiner Stelle wird die

---

15   (Homberg 1702) und (Homberg 1708).
16   (Franckowiak 2002, S. 422): „On ne parle plus à ce moment de sel, mais des sels."
17   Ebd.
18   Ebd. S. 336: „Nous les prendrons pour un des nos principes Chimiques, parceque nos analyses ne les peuvent pas rendre plus simple, ce qui est le caractère de nos principes"
19   Siehe diese Arbeit S. 46 und S. 53.

aufeinander aufbauende Entwicklung deutlicher als hier. Sicherlich bedeuten die Arbeiten Hombergs einen wichtigen Schritt in der Entwicklung des Salzbegriffs, ein gewaltiger Richtungswechsel in der Erforschung der Salze kann jedoch nach meiner Ansicht nicht begründet werden.

Franckowiaks Dissertation ist sicherlich sehr viel umfangreicher als die vorliegende Arbeit, die Anzahl der untersuchten Schriften sowie der Detaillierungsgrad sind deutlich größer. Mögliche Überschneidungen ergeben sich jedoch nur für die Auswertung der Lehrbücher von Le Fèvre und Lémery und der Monographie von Stahl. Gemeinsam ist beiden Arbeiten die abschließende Bewertung der Salzdefinition durch Rouelle. Franckowiaks Ansicht einer sprunghaften Veränderung des Salzbegriffs zu Anfang des 18. Jahrhunderts beruht aber nicht auf Auswahl und Anzahl der besprochenen Bücher sondern auf einer Überinterpretation der Wirkung des Prinzipienbegriffs im 17. Jahrhundert. Nicht das Prinzip Salz hat die Entwicklung der Stoffklasse der Salze bestimmt sondern vielmehr die fortschreitenden empirischen Untersuchungen im Labor und die aus der chemischen Praxis gewonnenen Erkenntnisse.

8. Salzige Verwandtschaften

Diese Abhandlung soll mit dazu beitragen, die vorhandene Wissenslücke über die Entwicklung des Salzbegriffs zu schließen. Sie beschäftigt sich allerdings ausschließlich mit den Salzen als solchen, verwandte Konzepte sind nicht untersucht worden. Diese sollen im Folgenden kurz angedeutet werden. Dabei handelt es sich zunächst um die Säure-Alkali Theorie, die als weiteres Konzept der Renaissance neben den „tria prima" von Paracelsus entwickelt wurde. Die Luftsalpetertheorie nimmt hauptsächlich nur auf ein einziges Salz oder besser eine einzige Gruppe von Salzen Bezug, auf die Nitrate. Die Tabelle stofflicher Beziehungen von Etienne François Geoffroy (1672–1731) wird als Beginn des chemischen Affinitätsbegriffs bezeichnet und beschreibt zur einen Hälfte die Salze und ihre Umwandlungen. Die vielleicht wichtigste Diskussion im 17. und 18. Jahrhundert betrifft die korpuskulare Struktur der Materie und es lassen sich mannigfache Querverbindungen zu den Definitionsbestrebungen für die Salze vermuten.

Ausgehend von der Definition Rouelles ergibt sich im Rückblick die interessante Fragestellung, inwieweit die Säure-Alkali-Theorie zu der Entwicklung des Salzbegriffs beigetragen hat. Diese wurde zunächst von Johann Baptist van Helmont (1579–1644) als medizinische Hypothese formuliert, und von seinen Nachfolgern, insbesondere von Sylvius de le Boë (1614–1672) und Otto Tachenius (1610?–1680?), weiter ausgebaut und als Materietheorie in Konkurrenz zu den „tria prima" von Paracelsus formuliert. Aus Säure und Alkali soll die gesamte Natur entstanden sein.[1] In ihrer Weiterentwicklung beschreibt die Theorie dann die Reaktion zwischen Säure und Alkali als einen Kampf zwischen zwei Widersachern;[2] das Aufschäumen von Carbonaten bei Säurezusatz diente als offensichtlicher Beweis dafür. Sie reduziert das Entstehen von Salzen auf die Bildung aus Säure und Alkali. Die in der vorliegenden Arbeit verwendeten Quellen nehmen wenig Bezug auf die Theorie und untersuchen vielmehr das Reaktionsverhalten verschiedener Säuren mit verschiedenen Alkalien. Über die Bedeutung des Säure-Alkali Konzepts

---

1   (Metzger 1923, S. 205 f.): „L'alcali, il est vrai, ne suffisait pas à lui seul pour expliquer l'univers, mais, avec son antagoniste l'acide, il forme un système symétrique capable de rendre raison de tous les phénomènes observables."
2   (Metzger 1930, S. 143).

lassen sich widersprüchliche Beurteilungen finden. Einerseits soll sie von vielen Chemikern des 17. Jahrhunderts erwähnt und benutzt worden sein,[3] andererseits ist ihr dennoch auf Grund der widersprechenden experimentellen Ergebnisse kein langes Leben beschieden gewesen[4], ja sie wurde sogar von einigen Chemikern mit ironischen Kommentaren bedacht.[5] Für und wider wurden von vielen Wissenschaftlern der Zeit in zum Teil umfangreichen Publikationen diskutiert.[6] Sie stand als „theosophische und mystische Theorie der Renaissance"[7] neben den „tria prima" von Paracelsus. Ob sie als theoretisches Konzept die Entwicklung des Salzbegriffs beeinflusst hat, sollte eher im Rahmen der Säure-/Alkali-Reaktion untersucht werden.

Eine weitere, eher am Rande zu betrachtende Idee ist die Luftsalpeter-Theorie, wie sie John Mayow (~1641–1679) formulierte. Sie beschäftigt sich hauptsächlich mit einem einzigen Salz, dem Salpeter, und wird häufig als Vorläufer der Verbrennungstheorie Lavoisiers gesehen.[8] Nach Mayow soll Salpeter aus fixem oder flüchtigem Alkali und einer flüchtigen Säure bestehen. Die Säure wiederum setze sich aus dem flüchtigen Luftsalpeter und einer scharfen salzigen Erde zusammen. Diese drei Komponenten sollen die fundamentalen Bestandteile des Salpeters und fast aller anderen Salze sein.[9] Mayows Hauptinteresse gilt aber nicht den Salzen sondern dem Luftsalpeter, der sowohl die Flamme wie auch die Lebensvorgänge aufrecht erhalten soll.[10] Debus versucht, den Ursprung dieser Theorie schon bei Paracelsus zu beweisen, und zeigt eine Entwicklung bis hin zu Mayow auf.[11]

Eine große Rolle spielen die Salze in der Tabelle stofflicher Beziehungen von Etienne François Geoffroy, die erste Hälfte der Tabelle ist den Salzen und ihren sauren Auflösungen gewidmet.[12] Klein sieht in der Tabelle „die Genese des chemischen

---

3 (Webster 2008, S. 190).
4 (Boas 1956, S. 13): „Unlike most dogmatic doctrines the acid-alkali hypothesis died relatively rapidly in the face of contradicting experimental evidence."
5 (Metzger 1923, S. 216): „Beaucoup d'entre eux (I). considèrent les doctrines de Sylvius et Tachenius comme une étrange aberration de l'esprit humain et ils en parlèrent avec une ironie dédaigneuse ou amusante."
6 (Debus 2001, Kap. 4).
7 (Metzger 1923, S. 193).
8 (Debus 2002, S. 492).
9 (Böhm 1963, S. 117).
10 (Sternbach 2004, S. 235).
11 (Debus 1964).
12 (Klein 1994, S. 26 f.).

Verbindungskonzepts"[13], das weitere Begriffe wie „chemischer Reinstoff" und „Affinität" sowie die „Annahme der Erhaltung stoffspezifischer körperlicher Teile" in chemischen Reaktionen enthält.[14] Nach Klein wird die Entstehung von Geoffroys Verbindungskonzept durch die gewerbliche chemische Praxis entscheidend geprägt.[15] Da die Salze mit ihren Herstellungsverfahren und Reaktionen einen großen Anteil der Verfahren in Metallurgie und Pharmazie besitzen, beschreibt Klein diese in mehreren Kapiteln sehr detailliert. Allerdings wird auf die zeitliche Veränderung des Salzbegriffs nur bedingt eingegangen. Häufig benutzt Klein eine Salzdefinition in der klaren und eindeutigen Formulierung von Rouelle.[16]

In seiner Tabelle stofflicher Beziehungen übernimmt Geoffroy das Klassifizierungskonzept für die Salze seines Lehrers Homberg. Jede Spalte der Tabelle stellt eine Gruppe von Verbindungen dar. Die ersten vier Spalten zeigen die Kombinationsmöglichkeiten der Säuren mit verschiedenen Salzbasen, während die folgenden vier nun umgekehrt die Möglichkeiten zu ihrer Zerlegung darlegen.[17] Die Reihenfolge innerhalb einer Spalte soll die Beziehungen der jeweiligen Substanz zur Bezugssubstanz am Kopf der Spalte vermitteln.[18] Sowohl Hombergs Klassifizierung wie auch Geoffroys Beziehungstabelle müssen als direkte Vorläufer für Rouelles Salzdefinition gelten, sie lassen jedoch deren Klarheit und umfassende Präzisierung vermissen.[19] Zur zeitlichen Entwicklung des Salzbegriffs hat Franckowiak das Zusammenwirken der Chemiker[20] zu Anfang des 18. Jahrhunderts an der Académie Royale des Sciences in zwei umfangreichen Kapiteln detailliert beschrieben.[21] Eine weitere Auswertung erscheint an dieser Stelle nicht erforderlich.

Und last but not least ist auch die Korpuskulartheorie in dieser Arbeit nur am Rande erwähnt worden, obwohl viele der einflussreichsten Naturwissenschaftler zu dieser Zeit darüber diskutiert und geschrieben haben. In der Auswahl der in dieser Abhandlung untersuchten Werke ist uns der Atomismus zuerst im Lehrbuch von Lémery begegnet. Dieser hatte die Reaktion zwischen Säuren und Carbonaten

---

13 Ebd. S. 245.
14 Ebd. S. 10–14.
15 Ebd. S. 6.
16 Ebd. S. 150.
17 Ebd. S. 26 f.
18 Ebd. S. 22.
19 (Franckowiak 2002, S. 453).
20 Wilhelm Homberg (1652–1715), Etienne-François Geoffroy (1672–1731), Gilles Boulduc (1675–1742), Louis Lémery (1677–1743), Henri-Louis Duhamel du Monceau (1700–1782).
21 (Franckowiak 2002, Kap. III A und B).

mit den spezifischen Formen der kleinsten Korpuskeln zu erklären versucht. Die spezifischen Formen wurden aber schon in Zedlers „Grossem vollständigen Universal-Lexicon Aller Wissenschafften und Künste" ohne Angabe von Gründen abgelehnt. Die wechselseitige Beeinflussung der verschiedenen Korpuskulartheorien mit der Entwicklung des Salzbegriffs bedürfte sicherlich einer gesonderten Untersuchung unter Einbezug von vollkommen anderen Quellen.

9. Weißes Gold und Chemisches Prinzip

Auf Grund ihrer hohen Bedeutung sind die Salze in der Frühen Neuzeit intensiv untersucht worden. Die ähnlichen Eigenschaften, die zur Klassifizierung dienten, wurden untersucht und präzisiert. Die Zusammensetzung der Salze wurde erforscht und als Grundlage für die Definition der Stoffklasse festgelegt. Die Entwicklung hatte in der Mitte des 18. Jahrhunderts ihr vorläufiges Ende gefunden. Diese Tatsache hat historiographische Bedeutung. Die Salze sind eines der Themengebiete, dessen Erforschung in der Wissenschaftsgeschichte durch die „chemische Revolution" Lavoisiers überlagert und dadurch vernachlässigt worden ist. Lavoisier selbst bestätigte, dass er auf diesem Gebiet keine neuen Erkenntnisse beschrieben hat. Die Beurteilung von Holmes[1] kann in dieser Beziehung voll und ganz nachvollzogen werden.

Die Entwicklung des Salzbegriffs über die Zeit ist aber auch aus einem weiteren historiographischen Grund von Interesse. Die Chemie des 15. und 16. Jahrhunderts wird entweder gern als theoriefreies oder zumindest theoriearmes Wissensgebiet bezeichnet,[2] oder die vorhandenen Theorien als inkonsistent, veraltet und alchemistisch.[3] Die verschiedenen Versuche zur Einordnung des Salzbegriffs seit Beginn der Frühen Neuzeit sprechen eine andere Sprache. Alle Gedanken und Überlegungen basieren auf praktischen Versuchen, die Ergebnisse sind jedoch verschiedenartige Ansätze zur Ausformung theoretischer Ideen. Die Klassifizierung von Stoffen zur Erläuterung ihrer Zusammensetzung und zur Vorhersage von möglichen Reaktionen ergibt ein spezifisches Gedankengebäude als Grundlage einer Theorie. Die Untersuchungen im Labor helfen dabei nicht nur bei der Aufstellung des Konzepts, sie werden auch zur experimentellen Überprüfung von bestehenden Definitionen und Zusammenhängen benutzt. Auf diese Art und Weise werden die „theosophischen und mystischen Lehrbegriffe der Renaissancewissenschaftler"[4] überwunden und durch rationale auf Laborchemie gegründete Aussagen ersetzt.

---

1   (Holmes 1989).
2   Vgl. (Principe 2007, S. 14 f.), (Klein 1994, S. 3 f.).
3   (Brock 1992, S. 42).
4   (Metzger 1923, S. 193).

In der Antike und bis ins hohe Mittelalter hinein konnten Substanzen nur auf Grund ihrer physikalisch-chemischen Eigenschaften unterschieden und Klassifizierungen vorgenommen werden.[5] Eine Einteilung an Hand ihrer Zusammensetzung wurde durch die Elementenlehre von Aristoteles nicht ermöglicht. Und auch die „tria prima" von Paracelsus konnten dieses Problem nicht lösen. Die Einteilungen und Zuordnungen durch die physikalisch-chemischen Eigenschaften waren aber nicht widerspruchsfrei und eindeutig, die Vorteile einer systematischen Nomenklatur an Hand der Zusammensetzung sind offensichtlich.[6] Die Definition der Salze durch Rouelle war einer der ersten Schritte in diese Richtung. Allerdings zeigt die kontinuierliche Entwicklung des Begriffs seit dem Ende des 16. Jahrhunderts, dass das Bestreben zur Klassifizierung durch die Zusammensetzung nicht nur eine Erscheinung des 18. Jahrhunderts ist, wie sie Klein und Lefèvre beschrieben haben.[7] Die Salze waren in dieser Hinsicht anscheinend eine Art Vorläufer für andere Stoffgruppen.

Diese Arbeit beginnt mit der Darstellung des Salzes als ein Bestandteil der „tria prima" Materielehre von Paracelsus. Der Begriff ist in ihr äußerst schwammig definiert, und auch die nachfolgenden Chemiker verwenden ihn nicht einheitlich sondern verändern die Begriffsdimension in ihrem Sinne. Daneben wird das Wort weiterhin als Bezeichnung für eine Gruppe von Stoffen benutzt, allerdings ist die Zuordnung je nach Autor unterschiedlich. Gleiches gilt für die Bezeichnungen der einzelnen Salze, die von Chemiker zu Chemiker unterschiedlich festgelegt ist, was zu beträchtlicher Verwirrung geführt hat.[8] Gemeinsam ist aber bei allen Wissenschaftlern das Bestreben zu erkennen, zu einer Vereinheitlichung der Terminologie auf Basis wissenschaftlicher Ergebnisse zu gelangen.

Zurück zur eingangs gestellten Frage, was sich unter dem Allerweltsnamen Salz verbirgt. Ohne genauere Einschränkungen, Erklärungen oder Zusätze kann der Begriff fehlinterpretiert werden. Er wird im Laufe der Geschichte für ein alltägliches Lebensmittel gebraucht aber auch für ein Prinzip der ganzen stofflichen Welt: die Begrifflichkeit ist unklar und muss entweder aus dem Kontext entnommen oder weiter detailliert werden.[9] Besonders interessant erscheint in

---

5   Vgl. (Crosland 2004, Kapitel 2).
6   Ebd. S. 122.
7   (Klein 2007, S. 72).
8   Vgl. (Crosland 2004, S. 102–113).
9   Vgl. (Metzger 1923, S. 77): „Le sel est un solide, soluble dans l'eau, fixe et incombustible. Tel est du moins celui que nous observons ; mais les chimistes emploient parfois le mot sel dans un sens un peu différent ; pour quelques-uns d'entre eux le sel principe est la source de vie, le principe radical de toute chose, la première modification que

diesem Zusammenhang der Zeitraum, bevor der Begriff seinen Eintrag in die Konversationslexika gefunden hat. Es ist diejenige Zeit, in der die praktische Chemie ihren Siegeszug antritt. Teils fernab der Universitäten entsteht auf der Grundlage von Alchemie, Metallurgie und Pharmazie die Chemie als eigenständige Wissenschaft. Diese Wissenschaft definiert ihre Begriffe gemäß den Ergebnissen aus der Praxis des Labors und verändert sie dementsprechend: „Exprimés tout d'abord dans le langage d'une philosophie avec laquelle ils s'accordaient péniblement, ces travaux de laboratoire modifièrent considérablement les systèmes qui les avaient fait naître."[10] Die Laborpraxis muss dabei im weitesten Sinne verstanden werden und lässt sich nicht allein auf die gewerbliche Herstellung von Stoffen reduzieren, wie es Klein für die Begriffe Verbindung und Affinität vorschlägt.[11] Alle Arbeiten in den Labors, sowohl den gewerblichen wie auch denjenigen aus einem akademischen Umfeld, haben zu der beschriebenen Entwicklung des Salzbegriffs beigetragen.

Salz - ein weißes Gold oder ein chemisches Prinzip? Die Antwort auf die Frage lautet: beides. Aber diese Antwort ist bei weitem nicht ausreichend. In der Frühen Neuzeit steht der Begriff außerdem für:

- Wasserlösliche, farblose Kristalle mit charakteristischem Aussehen und Geschmack.
- Den Ursprung aller Dinge.
- Ein immaterielles oder materielles Wirkprinzip, das allen Stoffen ihre Eigenschaften verleiht.
- Das materielle Ergebnis einer chemischen Operation.
- Ein mit chemischen Mitteln nicht weiter aufspaltbares Element.
- Eine Klasse von Stoffen, die aus einem Säure- und einem Basenrest zusammengesetzt ist.

---

      subit l'Esprit Universel quand il se corporifie ; il suffit d'être averti pour ne pas faire de confusion entre ces deux significations d'un même terme."
10 Ebd. S. 193.
11 S. (Klein 1994).

10. Literaturverzeichnis

Adelung, Johann Christoph. *Geschichte der menschlichen Narrheit, oder Lebensbeschreibungen berühmter Schwarzkünstler, Goldmacher, Teufelsbanner, Zeichen- und Liniendeuter, Schwärmer, Wahrsager, und anderer philosophischer Unholden. Vierter Theil.* Leipzig, 1787.
Bensaude-Vincent, Bernadette und Stengers, Isabelle. *Histoire de la chimie.* Paris, 1993.
Berger, Jutta. „Atomismus und „vernünfftige chymische Erfahrung": Grundzüge der chemischen Materietheorie Georg Ernst Stahls." In *Acta Historica Leopoldina Nr. 30*, von Menso Folkerts (Hg.), 125–143. Halle, 2000.
Bergier, Jean-Francois. *Die Geschichte vom Salz.* Frankfurt, 1989.
Bianchi, Massimo L. „The Visible and the Invisible. From Alchemy to Paracelsus." In *Alchemy and Chemistry in the 16th and 17th Centuries*, von Piyo Rattansi und Antonio Clericuzio, 17–50. Dordrecht u.a., 1994.
Bieller, Udo. *Von der Phantasie zur Wissenschaft. Georg Ernst Stahl und die Chemie im achtzehnten Jahrhundert.* Bochum, 2007.
Boas, Marie. „Acid and Alkali in Seventeenth Century Chemistry." In *Archives Internationales d'Histoire des Sciences*, 1956: 13–28.
Boerhaave, Herman. *Elements of Chemistry.* London, 1735.
Böhm, Walter. „John Mayow and his Contemporaries." In *Ambix 11/3*, 1963: 105–120.
Bougard, Michel. *La chimie de Nicolas Lemery.* Turnhout, 1999.
Bourzat, Jean-Dominique. *Lecture contemporaine du Cours de Chymie de Nicolas Lemery.* Lyon, 2005.
Brock, William Hodson. *The Fontana History of Chemistry.* London, 1992.
Brockhaus - Enzyklopädie in 30 Bänden. 21., völlig neu bearbeitete Auflage. Leipzig und Mannheim, 2006.
Classen, Albrecht (Hg.). *Paracelsus im Kontext der Wissenschaften seiner Zeit.* Berlin und New York, 2010.
Crosland, Maurice P. *Historical Studies in the Language of Chemistry.* Mineola, 2004.
Debus, Allen George. *Chemistry and Medical Debate: van Helmont to Boerhaave.* Canton Ma., 2001.

———. „The Paracelsian Aerial Niter." In *ISIS 55*, 1964: 43–61.
———. *The Chemical Philosophy*. Mineola, 2002.
Dittberner, Helga. *Zur Geschichte und Kenntnis der Salze*. Frankfurt, 1971.
Ferchl, Fritz. *Chemisch-Pharmazeutisches Bio- und Bibliographikon, Unveränderter Neudruck der Ausgabe von 1938*. Vaduz, 1984.
Franckowiak, Rémi. *Le développement des théories du sel dans la chimie francaise de la fin XVIe à celle du XVIIIe siècle*. Lille, 2002.
Glauber, Johann Rudolph. *Tractatus de natura salium*. Amsterdam, 1658.
Görmar, Gerhard. „Johann Thölde, Herausgeber der Schriften des „Basilius Valentinus" und Verfasser der Haliographia – eine biographische Skizze." In *Mitteilungen / Gesellschaft Deutscher Chemiker, Fachgruppe Geschichte der Chemie*, 2002: 3–19.
Gugel, Kurt F. *Johann Rudolph Glauber, 1604–1670. Leben und Werk*. Würzburg, 1955.
Hahnemann, Samuel. „Samuel Hahnemanns Apothekerlexikon." *Onlinefassung*. Leipzig 1793–1799. http://www.heilpflanzen-welt.de/buecher/Hahnemann-Apothekerlexikon/ (Zugriff am 09. 05 2010).
Hannaway, Owen. „Le Febvre, Nicaise." *Complete Dictionary of Scientific Biography*. 2008. http.//encyclopedia.com (Zugriff am 10. 05 2010).
———. *The Chemists and the Word. The Didactic Origins of Chemistry*. Baltimore, 1975.
Hickel, Erika. *Salze in den Apotheken des 16. Jahrhunderts*. Braunschweig, 1965.
Hocquet, Jean-Claude. *Weißes Gold. Das Salz und die Macht in Europa von 800 bis 1800*. Stuttgart, 1993.
Holmes, Frederic Lawrence. *Eighteenth-Century Chemistry as an Investigative Enterprise*. Berkeley, 1989.
———. „Sel." In *Dictionnaire d'histoire et philosophie des sciences*, von Dominique (Hg.) Lecourt. Paris, 1999.
Homberg, Wilhelm. „Essais de Chymie." In *Mémoires de l'Académie Royale des Sciences*, 1702: 33–52.
———. „Mémoire touchant les Acides & les Alcalis pour servir d'addition à l'article du Sel principe." In *Mémoires de l'Académie Royale des Sciences*, 1708: 312–323.
Hooykaas, R. „Die Elementenlehre der Iatrochemiker." In *Janus*, 1937: 1–28.
Humberg, Oliver. „Neues Licht auf die Lebensgeschichte des Johann Thölde." In *Triumphwagen des Antimons*, von Hans Gerhard Lenz, 355–374. Elberfeld, 2004.

Klein, Ursula und Lefèvre, Wolfgang. *Materials in Eighteenth – Century Science. A Historical Ontology.* Cambridge, Ma. und London, 2007.

Klein, Ursula. *Verbindung und Affinität. Die Grundlegung der neuzeitlichen Chemie an der Wende vom 17. zum 18. Jahrhundert.* Basel u.a., 1994.

Knoeff, Rina. *Herman Boerhaave (1668–1738). Calvinist chemist and physician.* Amsterdam, 2002.

Kopp, Hermann. *Geschichte der Chemie. 4 Theile.* Braunschweig, 1843 bis 1847.

Krünitz, Johann Georg (Hg.). *Oeconomische Encyklopädie, oder allgemeines System der Staats= Stadt= Haus= u. Landwirthschaft, in alphabetischer Ordnung.* 1773–1858.

Kuhn, Thomas S. *Die Struktur wissenschaftlicher Revolutionen.* Frankfurt, 1976.

Kuhnert, Lothar. *Johann Kunckel.* Berlin, 2008.

Kunckel, Johann. *Nützliche Observationes Oder Anmerckungen / Von den Fixen und flüchtigen Saltzen / Auro und Argento potabili, Spiritu Mundi und dergleichen / wie auch von den Farben und Geruch der Metallen / Mineralien und anderen Erdgewächsen.* Hamburg, 1676.

———. *Collegium Physico-Chymicum Experimentale, Oder Laboratorium Chymicum. Reprint der Originalausgabe Hamburg und Leipzig 1716.* Hildesheim und New York, 1975.

Kurlansky, Mark. *Salz. Der Stoff, der die Welt veränderte.* Berlin, 2005.

Lasswitz, Kurd. *Geschichte der Atomistik vom Mittelater bis Newton, 2 Bände, Reprint der Originalausgabe von 1890.* Nabu Public Domain Reprint, 2010.

Lavoisier, Antoine Laurent. *Elements of Chemistry. Translated from the French by Robert Kerr.* Edinburgh, 1799.

Le Febure, N. *Neuvermehrter Chymischer Handleiter / und Guldnes Kleinod.* Nürnberg, 1685.

Lehmann, Christine. „Mid – Eighteenth – century Chemistry in France as Seen Through Student Notes from the Courses of Gabriel -François Venel and Guillaume -François Rouelle." In *Ambix 56*, 2009: 163–189.

Lémery, Nicolas. *Cours de Chymie. Huitième Edition, Revue, corrigée & augmentée par l'Auteur.* Paris, 1696.

Lepsius, B. „Stahl, Georg Ernst." In *Allgemeine Deutsche Biographie 35. Onlinefassung.* 1893. http://www.deutsche-biographie.de/artikelADB_pnd118752561.html (Zugriff am 03. 06 2010).

Libavius, Andreas. *Die Alchemie des Andreas Libavius. Ein Lehrbuch der Chemie aus dem Jahre 1597. Zum ersten Mal in deutscher Übersetzung.* Weinheim, 1964.

Lindeboom, G.A. *Herman Boerhaave. The Man and his Work. Second edition updated by M.J. van Lieburg*. Rotterdam, 2007.
McKie, Douglas. „Guillaume – François Rouelle (1703–70)." In *Endeavour 12*, 1953: 130–133.
Meier, Pirmin. „Paracelsus – St. Gallener Fundamente seiner Medizin-Philosophie." In *Paracelsus im Kontext der Wissenschaften seiner Zeit*, von Albrecht Claassen (Hg.), 175–181. Berlin und New York, 2010.
Meinel, Christoph. „Stahl, Georg Ernst." In *Literaturlexikon*, von Walter Killy (Hg.), 135 f. München, 1991.
Metzger, Hélène. *Les Doctrines Chimiques En France du début du XVIIe à la fin du XVIIIe Siècle*. Paris, 1923.
———. *Newton, Stahl, Boerhaave et la Doctrine Chimique*. Paris, 1930.
Moran, Bruce T. *Andreas Libavius and the Transformation of Alchemy*. Sagamore Beach, 2007.
Mühlpford, Günter. „Stahls Grundlegung der neueren Chemie und die Weltwirkung der halleschen Aufklärung." In *Georg Ernst Stahl (1659–1734). Hallesches Symposium 1984*, von Wolfram Kaiser und Arina Völker, 117–160. Halle, 1985.
Müller-Jahncke, Wolf-Dieter. „Paracelsus (eigtl. Philipp Theophrastus Bombast v. Hohenheim)." In *Neue Deutsche Biographie Onlinefassung*. 2001. http://deutsche-biographie.de/artikelNDB_pnd11859169X.html (Zugriff am 06. April 2010).
Multhauf, Robert P. *Neptune's Gift. A History of Common Salt*. Baltimore, 1978.
———. *The Origins of Chemistry*. New York, 1967.
Newman, William R. und Principe, Lawrence M. „Alchemy vs. Chemistry: The Etymological Origins of a Historiographic Mistake." In *Early Science and Medicine, Vol. 3*, 1998: 32–65.
Pagel, Walter. *Paracelsus*. Basel, 1982.
———. „Paracelsus, Theophrastus Philippus Aureolus Bombastus von Hohenheim." In *Complete Dictionary of Scientific Biography*. 2008. http://www.encyclopedia.com (Zugriff am 20. 06 2011).
Partington, James Riddick. *A History of Chemistry, 4 Bände, Nachdruck der Ausgabe 1961–1970*. New York, 1998.
Priesner, Claus. „Johann Thöldes Essentielle Salze." In *Acta Historica Leopoldina 54*, 2008: 553–546.
———. „Johann Thölde und die Schriften des Basilius Valentinus." In *Die Alchemie in der europäischen Kultur- und Wissenschaftsgeschichte, Wolfen-*

bütteler Forschungen, Band 32, von Christoph Meinel (Hg.), 107–118. Wiesbaden, 1986.

Priesner, Claus und Figala, Karin (Hg.). *Alchemie, Lexikon einer hermetischen Wissenschaft*. München, 1998.

Principe, Lawrence M. „A Revolution Nobody Noticed?" In *New Narratives in Eighteenth-Century Chemistry*, von Lawrence M. Principe (Hg.), 1–22. Dordrecht, 2007.

Rappaport, Rhoda. „G.-F. Rouelle: An eighteenth-century Chemist and Teacher." In *Chymia*, 1960: 68–101.

Rau, Günther und Rau, Monika. *Das Glaslaboratorium des Johann Kunckel auf der Pfaueninsel Berlin*. Berlin, 2009.

Rex, Friedemann. „Libavius (Li[e]bau), Andreas (anagrammatisches Pseudonym: Basilius de Varna)." In *Neue Deutsche Biographie Onlinefassung*. 1985. http://www.deutsche-biographie.de/artikelNDB_pnd119522403.html (Zugriff am 16. 04 2010).

Roos, Anna Marie. *The Salt of the Earth. Natural Philosophy, Medicine, and Chymistry in England, 1650–1750*. Leiden und Boston, 2007.

Rothe, Gottfried. *Gründliche Anleitung zur Chymie. Dritte und vermehrte Auflage*. Frankfurt und Leipzig, 1739.

Rouelle, Guillaume-Francois. „Mémoire sur les sels neutres." In *Histoire de l'académie royale des sciences*, 1744: 353–364.

Schleiden, Matthias Jacob. *Das Salz. Seine Geschichte, seine Symbolik und seine Bedeutung im Menschenleben, Reprint derOriginalausgabe von 1875*. Nabu Public Domain Reprint, 2010.

Smith, Pamela. *The Body of the Artisan*. Chicago u.a., 2004.

Stahl, Georg Ernst. *Ausführliche Betrachtung und zulänglicher Beweiß von den Saltzen*. Halle, 1723.

Sternbach, George L. und Varon, Joseph. „John Mayow and Oxygen." In *Resuscitation 60/3*, 2004: 235–237.

Ströker, Elisabeth. *Theoriewandel in der Wissenschaftsgeschichte*. Frankfurt am Main, 1982.

Strube, Irene. *Georg Ernst Stahl*. Leipzig, 1984.

Telle, Joachim. „Vom Salz. Eine deutsche Alchemikerdichtung der frühen Neuzeit." In *Pharmazie in Geschichte und Gegenwart*, von Christoph Friedrich (Hg.), 457–484. Stuttgart, 2009.

Theophrast von Hohenheim, gen. Paracelsus. *Sämtliche Werke. I: Abteilung. Medizinische, naturwissenschaftliche und philosophische Schriften.* Herausgegeben von *Karl Sudhoff. 14 Bände.* München und Berlin, 1924–1933.

Thölde, Johann. *Haliographia. Reprint der Originalausgabe von 1612.* Leipzig, 1992.

Venel, Gabriel François. „Chymie ou Chimie." In *Encyclopédie ou Dictionnaire raisonné des sciences, des arts et des métiers,* von Denis Diderot und D´Alembert, Jean Le Rond (Hg.) Diderot, Band 3, S. 408–437. Paris, 1751–1772.

Webster, Charles. *Paracelsus. Medicine, Magic and the Mission at the End of Time.* New Haven und London, 2008.

Werthmann, Rainer. „Neue Erkenntnisse über den Alchemisten Johann Rudolph Glauber (1604–1670) und sein Verwandtschaftsverhälnis zum Maler Johannes Glauber (1646–1726)." In *Mensch, Wissenschaft, Magie,* 2010: 1–14.

Wiberg, Nils. *Lehrbuch der anorganischen Chemie.* Berlin, 2007.

Zedler, Johann Heinrich. *Grosses vollständiges Universallexicon aller Wissenschaften und Künste.* Halle und Leipzig, 1732.

www.ingramcontent.com/pod-product-compliance
Ingram Content Group UK Ltd.
Pitfield, Milton Keynes, MK11 3LW, UK
UKHW021830140426
5217IPUK00021B/1372